2e ex

LE CALCUL DES PROBABILITÉS COMPRÉHENSIBLE PAR TOUS

Exercices avec corrigés

La collection support IUT rassemble des manuels préparés par des professeurs d'IUT pour leurs étudiants. Ces ouvrages reprennent le contenu des programmes et les développent sous forme d'exercices avec des corrigés accompagnés, le plus souvent, des rappels de cours.

L'approche pédagogique privilégiée permet à l'étudiant d'aborder le sujet de façon originale, parfois même ludique, et de dépasser ses habituelles limites de compréhension ou d'application.

La collection est dirigée par Eric Gervreau, maître de conférences au département de génie civil de l'IUT de Cergy-Pontoise (gervreau@u-cergy.fr).

Tableau de couverture :

Jean-Paul Huftier vit et travaille à Paris même si son œuvre s'enrichit de ces nombreux voyages notamment en Asie.

Il a déjà réalisé plus d'une cinquantaine d'expositions solo en Europe et aux États-Unis.

On trouve ces œuvres au Fonds National d'Art Contemporain (F.R.A.C.), musées, banques et dans de nombreuses collections en France et à l'étranger.

Marie Berrondo-Agrell
Jacqueline Fourastié

LE CALCUL DES PROBABILITÉS COMPRÉHENSIBLE PAR TOUS

Exercices avec corrigés

gaëtan morin éditeur
EUROPE

Montréal, Gaëtan Morin Éditeur ltée
171, bd de Mortagne, Boucherville (Québec), Canada, J4B 6G4
Tél. : (450) 449-2369.

Paris, Gaëtan Morin Éditeur, Europe
105, rue Jules-Guesde, 92352 LEVALLOIS-PERRET, France
Tél. : 01 41 40 49 19.

Casablanca, Gaëtan Morin Éditeur - Maghreb S.A.
Rond-point des Sports, angle rue Point-du-Jour, Racine, 20000 Casablanca, Maroc,
Tél. : 212 (2) 49 02 17.
Couverture : Desin Copilote

ISBN : 2-910749-35-5
Dépot légal : 3e trimestre 1998

TABLE DES MATIÈRES

3. *NOTION DE MESURE, CARDINAL D'UN ENSEMBLE*

4. INTRODUCTION À LA LOGIQUE MATHÉMATIQUE

5. INTRODUCTION AU CALCUL DES PROBABILITÉS

6. VARIABLES ALÉATOIRES

7. ANALYSE COMBINATOIRE

AVANT-PROPOS

Cet ouvrage est destiné en priorité aux élèves des instituts universitaires de technologie qui, sous une forme ou sous une autre, doivent s'initier au calcul des probabilités ; il peut convenir à toutes les personnes qui souhaitent faire du calcul des probabilités et éprouvent des difficultés à assimiler les notions de base. Il est conçu de la manière suivante :

- chaque chapitre comprend des rappels de cours (et non un simple formulaire) qui permettent de relier les notions fondamentales en mettant en évidence les principaux résultats;
- les rappels sont suivis d'exercices de difficulté croissante, choisis pour leur intérêt pédagogique;
- la solution détaillée de l'exercice permet d'assimiler le cours et d'en tester la compréhension;
- les erreurs les plus fréquentes sont indiquées en marge par le symbole ▼;
- la marge dans le corrigé offre au lecteur un large espace de travail et de réflexion qui lui permet de personnaliser son ouvrage en y apportant ses propres remarques.

Nous voudrions présenter des exercices sur la théorie des ensembles, l'analyse combinatoire, la statistique et le calcul des probabilités de façon assez simple, concrète et attrayante, pour que non seulement les étudiants, auxquels la présente collection est principalement destinée, mais des adultes non spécialisés en mathématiques et jusqu'à de jeunes enfants puissent l'aborder. Notre méthode devrait permettre à toute personne qui éprouve un blocage à propos du calcul des probabilités de se sentir à l'aise, pourvu qu'elle travaille suffisamment.

Si vous voulez vraiment profiter de cet ouvrage, nous vous recommandons en effet de chercher longuement les exercices *avant* d'en regarder la solution. Si quelques minutes de recherche active restent vaines, jetez un coup d'œil à la solution, revenez à l'énoncé et à votre feuille blanche pour faire l'exercice par vous-même. Ne regardez la solution en cours de recherche que si vous avez encore cherché une dizaine de minutes. Si vous avez trouvé la solution juste, le corrigé ne sert que de vérification. Sinon, refaites l'exercice jusqu'à ce que vous parveniez à comprendre la solution et essayez un autre exercice du même genre.

Nous donnons souvent plusieurs méthodes de résolution. En mathématiques, il n'existe qu'une réponse exacte, mais souvent plusieurs méthodes pour y parvenir. Respectez *votre* forme d'esprit. L'essentiel est d'avoir un raisonnement précis permettant d'arriver à la solution juste. Mais ne vous forcez pas à adopter le *nôtre*.

Nous avons souvent privilégié une méthode graphique, par les *diagrammes de Venn généralisés,* qui fait l'originalité de notre premier ouvrage ; appliquée de façon correcte, elle constitue une forme de démonstration pour traiter les ensembles, la logique, la statistique et le calcul des probabilités de façon homogène. On appréciera particulièrement cette méthode en logique et pour appréhender la base des probabilités ou les variables à deux dimensions.

Jacqueline Fourastié — Marie Berrondo-Agrell

1. L'ART DE RÉSOUDRE UN PROBLÈME

Rappels

1. Passer d'un problème concret à une formulation mathématique

Faire des mathématiques appliquées, c'est d'abord **passer d'un problème concret à une formulation mathématique**. Le travail de **traduction** se fait dans les deux sens :

- du problème concret au langage mathématique, la *formalisation* ;
- après résolution, du résultat mathématique au problème concret, l'*interprétation*.

Comment formaliser ?

Il s'agit d'abord de *bien lire l'énoncé* :

- **travailler dans le calme, prendre son temps, éliminer provisoirement les autres sujets de préoccupation ;**
- **recourir, au besoin, à un dictionnaire pour les mots inconnus,**
- **lire et relire ; essayer de se représenter ce qui se passe réellement ;**
- **ne pas se précipiter sur la résolution sans avoir terminé la lecture ;**
- **lorsque l'on a défini une inconnue ou un ensemble, vérifier qu'il s'agit d'un *nombre* qui n'est pas donné dans l'énoncé, ou d'un *ensemble* qui correspond au problème ;**
- **traduire chaque phrase en langage mathématique, vérifier que l'on n'oublie aucune donnée.**

Il faut utiliser un langage littéral, c'est-à-dire attribuer des lettres à des « êtres mathématiques », nombres ou ensembles.

On désigne les ensembles par des lettres majuscules :

- soit A, l'ensemble des travailleurs de l'entreprise Antoine,

et également par des lettres majuscules les événements :

- soit M l'événement : « L'entreprise Antoine a obtenu le marché correspondant à l'appel d'offre n° 2523 ».

Les nombres sont désignés par des lettres minuscules :

x : nombre de travailleurs de l'entreprise Antoine.

Il peut s'agir de *variables*, pouvant prendre des valeurs numériques ou d'*inconnues*, de nombres cherchés : *résoudre l'équation* consiste à utiliser une « phrase mathématique » pour trouver la ou les valeurs numériques de l'inconnue.

Les propositions sont représentées également par des lettres minuscules :

p : l'entreprise Antoine est en pleine expansion.

Prenez dès maintenant l'habitude de ne jamais écrire une lettre pour désigner un « être mathématique », nombre, ensemble, événement ou proposition, sans l'avoir définie.

Votre rédaction finale doit pouvoir être lue et comprise par une autre personne que vous-même. Un bon critère est de relire votre texte quelques jours après l'avoir écrit : si vous ne le comprenez plus, c'est qu'il y manque quelque chose !

2. *Quelques mots-clés*

Les conjonctions « et » et « ou »

La signification de « et » n'est pas la même dans les phrases suivantes :

1. Je vais lire **et** écrire cet après-midi.
2. Je suis blonde **et** belle.
3. J'ai le choix entre du poulet **et** du rôti.

Le cas 2 est celui de la coordination pure et simple. Le cas 3 est au contraire *disjonctif*. On emploie le mot « et » alors qu'il s'agit d'un choix : c'est le « ou » *exclusif*. Le cas 1 est le plus ambigu : il s'agit d'un **et/ou**.

On retrouve les mêmes problèmes avec la conjonction « ou » :

1. Pierre est blond **ou** porte des lunettes.
2. Pierre est blond **ou** brun.

Le premier « ou » n'est pas exclusif, ce peut être **et/ou**, le second « ou » est exclusif.

« Au plus », « au moins », « plus de », « moins de », « exactement »

Nous les définissons à partir d'un exemple : J'organise une réception de 8 personnes ; il peut y avoir :

a.) au moins 6 femmes : 6 **ou** 7 **ou** 8 femmes ;
b.) au plus 2 bavards : 0 **ou** 1 **ou** 2 bavards ;
c.) exactement 3 chanteurs : 3 (pas d'autre possibilité) ;
d.) moins de 3 jeunes : 0 **ou** 1 **ou** 2 (pas 3, car ce ne serait pas « moins de 3 ») ;
e.) plus de 6 personnes de même métier : 7 **ou** 8 (pas « 6 », car ce ne serait pas « plus de 6 »).

Les types d'informations ; variables statistiques, intervalles

Le sexe, la couleur, etc., sont des *caractères* de la *population* interrogée. Les réponses possibles sont des *modalités* du caractère. S'il y a deux modalités seulement (« oui », « non »), le caractère est *logique*. Dans tous les cas, ces caractères sont *qualitatifs*.

Un caractère est *quantitatif* lorsque ses modalités sont des nombres. C'est une *variable statistique*. Si la variable statistique ne peut prendre que des valeurs isolées, elle est *discrète*. Si, entre deux valeurs quelconques de la variable, il existe au moins une autre valeur, la variable est *continue*. Lorsque la variable est continue, on peut regrouper les valeurs en *classes* ou *intervalles*.Les *classes statistiques* sont des sous-ensembles disjoints.

3. Certitude et probabilité

Voici quelques événements à analyser pour percevoir la graduation entre « certitude » et « probabilité » :

A : Demain sera le 28 décembre.
B : Il fera beau le 14 juillet prochain.
C : Demain sera hier.
D : Je gagnerai à la loterie.

L'événement A relève de la certitude absolue. Si nous sommes aujourd'hui le 27 décembre, demain sera le 28 décembre. On dit :
Pr $\{ A \} = 1$. (La probabilité de l'événement A est 1.)
L'événement B est assez probable ; il a une probabilité assez voisine de 1 (exemple : 0,7).
L'événement C ne peut se produire ; sa probabilité est nulle : Pr $\{C\} = 0$.
L'événement D est peu sûr. Un nombre peut être attribué au degré de certitude selon le nombre total de billets et le nombre de billets gagnants. Ce nombre est voisin de 0 (exemple : 0,1).

4. Les étapes d'une démonstration

La traduction d'un problème en langage mathématique permet de poser les *hypothèses* d'un problème. Ensuite, il s'agit de faire un *raisonnement logique*, par une suite de déductions, qui doit aboutir à la *conclusion*. Le raisonnement doit être tel que d'autres puissent le reproduire à partir des mêmes hypothèses. Il est essentiel de n'oublier aucun cas.

5. Plan d'une résolution

1. **Désignation des êtres mathématiques,**
2. **Traduction des données concrètes en langage mathématique,**
3. **Démonstration,**
4. **Conclusion, solution,**
5. **Traduction de la solution en langage concret.**

EXERCICES

①°① Les définitions suivantes sont-elles suffisamment claires :
- soit x les avions,
- A : les avions,
- p : « le Boeing 737 parti le 25 juillet 2004 de Toulouse a eu une heure de retard »,
- soit A l'événement : « les avions partis le 25 juillet 1999 ont volé normalement » ?

▼ *Une variable est un nombre.*

« Soit x les avions » ne signifie rien. x n'est pas le nom commun « avion ». Il est probable que la définition juste serait : « Soit x le *nombre* d'avions ».
« A : les avions ». La précision est insuffisante : soit A l'*ensemble* des avions (et il faut vérifier qu'il n'y a pas d'ambiguïté par rapport à d'autres ensembles d'avions : date, lieu, fonction... seraient peut-être à ajouter).

« p : le Boeing... ». Il faut préciser que p est une proposition.
La dernière formulation est claire.

①°② Un entrepreneur désire produire des œufs. Il peut acquérir des poules fermières qui pondent un œuf par jour quand il fait beau et aucun s'il fait mauvais, ou des poules d'élevage qui pondent deux œufs par jour avec un éclairage artificiel, mais mangent quatre fois plus que les précédentes. Dans ce pays, il y a quatre chances sur cinq, chaque jour de l'année, pour qu'il fasse beau. Combien de poules de chaque race l'entrepreneur doit-il acheter pour avoir chaque jour plus de 9 chances sur 10 d'avoir au moins 120 œufs, en utilisant le moins de nourriture possible ?
On ne vous demande pas de résoudre ce problème, mais d'écrire les inconnues et les événements permettant de le formaliser, et de formuler la question à l'aide des lettres que vous aurez introduites (traduire en langage mathématique).

Le problème devient facile à résoudre dès qu'il est posé :

$$\Pr\{A\} = \frac{4}{5}$$

$\frac{4}{5}$ est inférieur à $\frac{9}{10}$, donc il y a une probabilité trop forte pour que le temps soit mauvais : on est obligé de choisir les poules de façon à ce qu'elles pondent au moins 120 œufs les jours de mauvais temps :

$$2y \geq 120$$
$$y \geq 60$$

Il faut donc 60 poules d'élevage et aucune poule fermière.

Dans ce problème interviennent :

- des nombres inconnus :

x : nombre de poules fermières à acheter,
y : nombre de poules d'élevage à acheter.

On peut en déduire le nombre de rations journalières : 1 pour chaque poule fermière, 4 pour chaque poule d'élevage. Donc, au total :

$$x + 4y$$

- des événements :

A : il fait beau un jour donné,
B : l'entrepreneur a au moins 120 œufs.

Les quantités d'œufs produits sont :

$x + 2y$ si A est réalisé,
$2y$ si A n'est pas réalisé

Le problème devient : déterminer x et y de façon que :

$$\Pr\{B\} \geqslant \frac{9}{10}$$
$$x + 4y \text{ minimum}$$

sachant que :

$$\Pr\{A\} = \frac{4}{5}$$

et que les quantités d'œufs produits sont :

$x + 2y$ si A est réalisé,
$2y$ si A n'est pas réalisé.

①°③ Le « et » ou le « ou » qui figurent dans les phrases suivantes sont-ils des **et** (coordination), des **et/ou** ou des **ou** (exclusif) ?

a) Je ris **et** je pleure à la fois.
b) J'ai le choix entre l'avion **et** le train.
c) J'aime les épinards **et** la musique classique.
d) Ce soir, j'irai au théâtre **ou** au cinéma.
e) Je compte aller souvent au théâtre **ou** au cinéma ce mois- ci.
f) Je passe mon temps à écrire **ou** téléphoner.
g) Le trajet comprend une partie en avion **et** le reste par train.

a) Le « et » est une coordination, car je ris et je pleure *à la fois*.
b) Ici, je fais un choix : il s'agit d'un « ou » exclusif, car je ne peux prendre à la fois le train et l'avion. On peut remplacer la phrase de l'énoncé par une phrase avec « ou ».
c) Coordination.

d) « Ou » exclusif.
e) Il s'agit d'un « et/ou », car « ce mois-ci » j'ai la possibilité d'aller au théâtre, ou au cinéma, ou aux deux. (Certains soirs à l'un, d'autres soirs à l'autre ; on pourrait remplacer « ou » par « et » dans cette phrase.)
f) Il s'agit d'un « et/ou » pour la même raison.
g) Le « et » est une coordination.

①°④ Dans un groupe, il y a trois femmes et deux hommes. On choisit trois personnages au hasard dans ce groupe. Indiquez les nombres d'hommes et de femmes possibles pour qu'il y ait parmi ces trois :
a) Au moins un homme ;
b) Une femme au plus ;
c) Plus d'une femme ;
d) Un homme au moins ;
e) Au moins une femme et au moins un homme ;
f) Au plus deux hommes ;
g) Pas plus d'un homme.

a) Il y a « au moins un homme » (un homme ou plus) s'il y a « un homme et deux femmes », ou « deux hommes et une femme ».
b) « Une femme au plus » signifie « pas plus d'une femme », donc aucune femme ou une femme. On ne peut avoir de groupe de trois personnes ne comprenant aucune femme puisqu'il n'y a que deux hommes. La seule possibilité est « une femme et 2 hommes ».
c) « Plus d'une femme » signifie « au moins deux femmes ». Ici, il peut y avoir « deux femmes et un homme » ou « trois femmes ».
d) « Un homme au moins » : la signification est la même qu'au a).
e) Il peut y avoir « un homme et deux femmes » ou « deux hommes et une femme ».
f) Il peut y avoir aucun, un ou deux hommes, donc « trois femmes » ou « un homme et deux femmes » ou « deux hommes et une femme ».
g) Pas plus d'un homme signifie « aucun homme » ou « un homme ». Les groupes possibles sont « trois femmes » ou « un homme et deux femmes ».

①°⑤ Dans mon aquarium, j'ai au moins 12 poissons, pas plus de 15, plus de 13, au plus 16 et moins de 15. Combien cela fait-il de poissons ?

▼ *Il faut lire attentivement* !

Figure 1

Désignons par x le nombre de poissons de l'aquarium. x est un entier. Traduisons les affirmations successives :

$x \geq 12 \quad x < 15 \quad x > 13 \quad x \leq 16 \quad x < 15$

$x \geq 12$ et $x > 13$ impliquent que x vaut au moins 14.
$x < 15$ et $x \leq 16$ impliquent que x vaut 14 ou moins.

Il reste une unique solution : $x = 14$.

J'ai 14 poissons.

N.B. On peut aussi reporter les affirmations sur un axe (figure 1) et rayer les régions à exclure au fur et à mesure de la lecture du texte. Il reste $x = 14$.

①°⑥ Je possède plus de deux chapeaux de paille, mais je n'en ai pas plus de 15. J'en ai au plus 6, mais je n'en ai pas moins de 3. Je n'ai pas plus de 13 chapeaux de paille, mais j'en ai au moins 5. Pour finir de vous embrouiller, j'ajouterai que je possède autant de chapeaux de paille de couleur naturelle que de chapeaux de paille teintés. Combien ai-je donc de chapeaux de paille ?

▼ *Il faut lire attentivement l'énoncé !*

On peut poser :
x : le nombre de mes chapeaux de paille.
Traduisons les affirmations de l'énoncé :
1re phrase : $x > 2$ et $x \leq 15$,
2e phrase : $x \leq 6$ et $x \geq 3$,
3e phrase : $x \leq 13$ et $x \geq 5$,
4e phrase : x est pair.
La 2e et la 3e phrase $x \leq 6$ et $x \geq 5$ ne laissent que deux possibilités : $x = 5$ et $x = 6$. Or x doit être pair. Il ne reste que : $x = 6$. On vérifie que cette possibilité est compatible avec les autres inégalités trouvées : c'est le cas.
Je possède 6 chapeaux de paille (dont 3 sont teintés).

①°⑦ Saga animalia :

Y en a cinq qui ne sont pas des chiens,
Au plus quatre ne sont pas des chats,
Au moins trois sont des oies,

Au plus deux sont des bœufs,
Au moins un est un lapin.
Combien ça fait tout ça?

▼ *Il faut lire attentivement l'énoncé! Cela n'empêche pas de s'amuser!*
Introduire des variables n'est pas intéressant, mais il faut traduire chaque phrase, en prenant bien garde à la signification de "au plus", "au moins".

Si vous avez de l'intuition, vous pouvez remarquer que la troisième et la cinquième condition impliquent qu'il y a au moins trois oies et un lapin; ajoutons la deuxième condition, les autres animaux sont des chats; ajoutons la première condition : il n'y a qu'un chat. La quatrième ne change rien.

"Y en a cinq qui ne sont pas des chiens" : il peut y avoir cinq animaux et des chiens en plus.
"Au plus quatre ne sont pas des chats" : les animaux qui ne sont pas des chats peuvent être des chiens ou d'autres animaux. Il peut y avoir 5 chats et 4 chiens, ou 4 chats, 1 autre animal et 3 chiens, ou 3 chats, 2 autres animaux et 2 chiens, ou encore 2 chats, 3 autres animaux et un chien ou 1 chat et 4 autres animaux.
"Au moins trois sont des oies". Les oies ne sont ni des chiens ni des chats! Il peut y avoir soit 3 oies, 1 chat et 1 autre animal ou 1 chien, soit 4 oies et 1 chat.
"Au plus 2 sont des bœufs", c'est à dire qu'il y a 0, 1 ou 2 bœufs. L'autre animal pourrait être 1 bœuf.
"Au moins un est 1 lapin", c'est-à-dire qu'il y a 1 ou plusieurs lapins : on est sûr maintenant qu'il y a 1 autre animal et que cet animal est 1 lapin.

Il n'y a ni chien ni bœuf; il y a 3 oies, 1 lapin et 1 chat, soit au total 5 animaux.

①°⑧ Questionnaire d'habillement :
a) Portez-vous actuellement un chapeau?
b) Quelle est votre taille de chaussures?
c) Vous habillez-vous en XS, S, M, L ou XL?
d) Quelle est votre couleur préférée?
e) Quel est votre tour de taille?
Caractériser les différents types d'informations qui seront récoltées à l'aide de ce questionnaire.

Les questions *a)* (oui, non), *c)* (XS, S, M, L, XL), *d)* violet, bleu, vert, jaune, orange, rouge (et peut-être d'autres!)... correspondent à des informations *qualitatives*, la première étant *logique*.
La question *b)* appelle une réponse entière : 36,... 40, 41, ... 46. L'information est *quantitative discrète*.
La question *e)* appelle une réponse numérique;

le caractère « tour de taille » est *quantitatif*. Théoriquement, il est également *continu*, puisque entre deux tailles données il peut toujours en exister une. Pratiquement, on donne le tour de taille sous forme d'un nombre entier de centimètres (ce nombre entier est une variable discrète).

1°9 Les caractères suivants d'une population de jeunes enfants sont-ils qualitatifs, quantitatifs, logiques, discrets, continus ?

a) L'âge
b) La taille
c) La classe de scolarisation
d) La nationalité
e) Le sexe
f) Le nombre de frères et sœurs.

a) L'âge est quantitatif continu (on peut le considérer comme discret si on se limite aux âges entiers).
b) La taille est quantitative continue.
c) La classe est un caractère qualitatif (CP, CM1, CM2...). On peut considérer que c'est un caractère qualitatif même si le nom est un nombre : « sixième », « cinquième »...
d) et *e)* la nationalité et le sexe sont qualitatifs. Le sexe est logique puisqu'il n'y a que deux réponses possibles.
f) le nombre de frères et sœurs est quantitatif discret.

1°10 Un enquêteur est chargé d'étudier les types de logements. Il doit remplir 100 questionnaires ainsi constitués :

a) Numéro de cette enquête (de 1 à 100). (*A remplir par l'enquêteur*)
b) Êtes-vous locataire, propriétaire ou habitant à titre gratuit ?
c) Si vous êtes locataire, quel est votre loyer mensuel (arrondir au franc le plus proche) ?
d) Si vous êtes propriétaire, quel a été le prix d'achat de votre logement (en dizaines de milliers de francs, sans plus de précision) ?
e) Depuis combien d'années habitez-vous ici (nombre entier) ?
f) Quelle est la surface exacte en mètres carrés de votre logement (avec toute la précision possible) ?
g) Êtes-vous, oui ou non, globalement satisfait de votre logement ?
h) Y a-t-il au moins un garage ?

Précisez la nature de l'information que l'on obtient à partir de chacune de ces huit questions.

Les questions *b)*, *g)* et *h)* appellent des réponses qui sont des informations qualitatives (locataire, propriétaire, habitant à titre gratuit) pour *b)* et même logiques (oui, non) pour *g)* et *h)*.

Les autres questions concernent des informations quantitatives :
- discrètes pour *a), c), d), e)* puisque la réponse est donnée en nombres entiers ;
- continues pour *f)* puisqu'on demande toute la précision possible, et qu'une aire est une variable continue.

①°①① Un berger revient des alpages avec son immense troupeau : 40 % des bêtes appartiennent à Antoine et les autres à Claude. La part d'Antoine compte 50 % de brebis et 50 % de mâles ; celle de Claude compte 55 % de brebis.

1° Quel est le pourcentage de brebis dans le troupeau ?

2° On attrape au hasard une brebis, quelle est la probabilité pour qu'elle appartienne à Claude ?

(On suivra attentivement le plan de résolution d'un problème (p.14 §5). *Ce problème peut paraître difficile dans le premier chapitre : vous pourrez y revenir après avoir travaillé ce livre*).

Désignation des êtres mathématiques, ici les événements.

1° Soient les événements :
B : la bête est une brebis,
M : la bête est un mâle,
A : elle appartient à Antoine,
C : elle appartient à Claude.

Traduction des données concrètes en langage mathématique.

On cherche le pourcentage de brebis, soit la fréquence de l'événement B : $\Pr\{B\}$

Démonstration.

Le pourcentage de brebis dans le troupeau est la somme du pourcentage des brebis appartenant à Antoine et de celui des brebis appartenant à Claude :

Conclusion.

$$\Pr\{B\} = 100\,[(0{,}4 \times 0{,}5) + (0{,}6 \times 0{,}55)] = 53$$

Traduction de la solution en langage concret.

Il y a **53 %** de brebis dans le troupeau.

Traduction des données en langage mathématique..	2° On cherche la probabilité de l'événement « la brebis appartient à Claude ». On sait qu'on a attrapé une brebis. Dans le cas présent, la probabilité d'attraper une brebis appartenant à Antoine est égale à la proportion de brebis appartenant à Claude dans l'ensemble des brebis.
Démonstration	Nous avons vu qu'il y a 53 % de brebis dans le troupeau. Il y a : $$Pr\{B \text{ et } C\} = 0{,}6 \times 0{,}55 = 0{,}33$$ donc 33 % de brebis appartenant à Claude.
Conclusion, solution	La probabilité pour que la brebis appartienne à Claude est le rapport : $$\frac{Pr\{B \text{ et } C\}}{Pr\{B\}} = \frac{0{,}6 \times 0{,}55}{0{,}53} = \frac{33}{53} \approx 0{,}6226.$$
Traduction de la solution en langage concret	Une brebis prise au hasard appartient à Claude avec la probabilité de **0,6226. Il y a 62 chances sur 100 pour qu'une brebis prise au hasard appartienne à Claude.**

2. GÉNÉRALITÉS SUR LES ENSEMBLES

Rappels

1. Ensembles

La notion d'ensemble est considérée comme une « notion première ».

Un ensemble contient 0, 1 ou plusieurs **éléments**. Un ensemble qui ne contient qu'un élément est un **singleton.** L'ensemble qui ne comporte aucun élément est l'unique **ensemble vide.** On le note : Ø.

« a est un **élément** de M », ou « a **appartient** à M », s'écrit : $a \in M$ (« $\in$ » se lit : « appartient à »).

Un ensemble est bien **défini** si, étant donné un élément, il est possible de dire s'il lui appartient ou non.

On désigne les ensembles par des lettres majuscules et leurs éléments par des lettres minuscules. Exemples :

$$M = \{ a, b, c, d \}$$

ou : $M = \{x \mid x \text{ est l'une des quatre premières lettres de l'alphabet} \}$

La première écriture est dite « en extension » et la seconde « en compréhension ».

2. *Application d'un ensemble vers un ensemble*

Une application g d'un ensemble E dans un ensemble F fait correspondre un élément de F à tout élément de E.

1. Plusieurs éléments de E peuvent s'appliquer sur le même élément de F. Si ce n'est pas le cas, l'application de E dans F est une **injection**.

2. Certains éléments de F peuvent ne correspondre, par l'application g, à aucun élément de E. Si tous les éléments de F correspondent à un élément de E au moins, l'application est une **surjection**.

3. Une application qui est à la fois une injection et une surjection est une **bijection** : à tout élément de E correspond un et un seul élément de F.

3. *Parties d'un ensemble, égalité, inclusion, diagrammes*

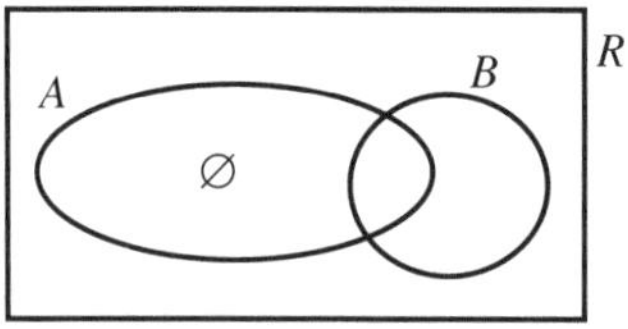

Figure 1

Lorsque tous les éléments de A sont éléments de B, A est dit sous-ensemble ou partie de l'ensemble B, et A est inclus dans B (figure 1). **On écrit :**

$$A \subset B \text{ ou : } B \supset A.$$

(On lit : « A est inclus dans B » ou : « B contient A ».)

Le **diagramme** de la figure 1 est dit « *diagramme de Venn* ». Les aires intérieures à chaque contour ne sont pas proportionnelles au nombre d'éléments de l'ensemble. Le référentiel est figuré par un rectangle, et les sous-ensembles du référentiel par des contours fermés.

Pour des ensembles A et B quelconques :

$A \subset A$.

Si $A \subset B$ et $B \subset C$, alors $A \subset C$.

$A = B$ signifie que tout élément de A appartient à B et que tout élément de B appartient à A.
Deux parties sont **disjointes** si elles n'ont aucun élément commun.

Sur la figure 2, S n'est pas inclus dans T et cependant S et T ne sont pas disjoints :
On écrit : $S \not\subset T$ et $T \not\subset S$.
$\not\subset$ signifie « non inclus ».

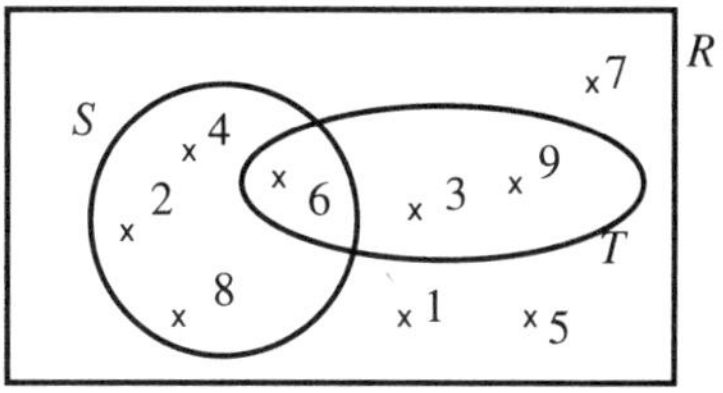

Figure 2

On note $\mathcal{P}(R)$ (et prononcer « p de r ») l'**ensemble des parties** d'un référentiel R. C'est l'ensemble des sous-ensembles de R. Il comprend R et $\varnothing$.

4. Intersection et union

L'intersection $S \cap T$ (« S inter T ») de S et de T est l'ensemble des éléments qui appartiennent à la fois à S ET à T.

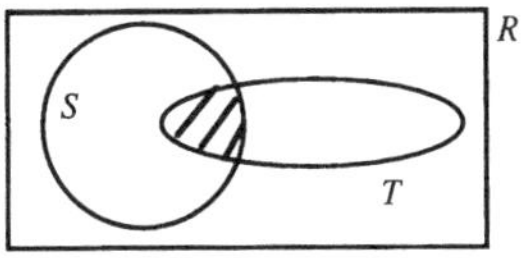

Figure 3

La réunion $S \cup T$ (« S union T ») de deux ensembles S et T est l'ensemble des éléments qui appartiennent au moins à l'une des deux parties S et T (à S OU à T ou aux deux à la fois).

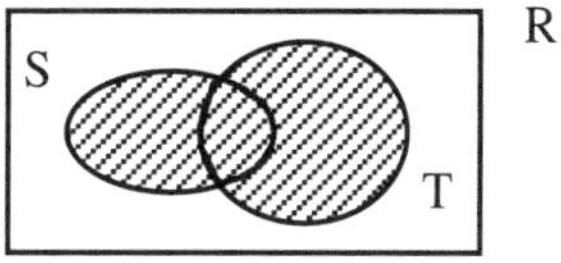

Figure 4

- Si $A \subset B$,
  Alors : $A \cup B = B$ et : $A \cap B = A$.
- Quelle que soit la partie X de R :
  $R \cap X = X$ et $R \cup X = R$.
- Dans le cas où l'une des parties est l'ensemble vide, on obtient :
  $\varnothing \cap X = \varnothing$ et : $\varnothing \cup X = X$.

5. *Différence simple*

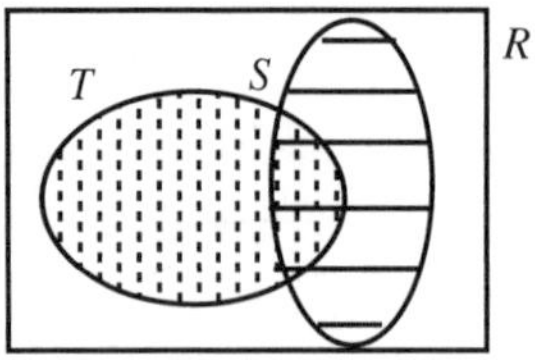

Figure 5

Sur la figure 5, la partie uniquement hachurée horizontalement est la **différence simple** de S et de T. On la note :

$S \setminus T$ (« S moins T »).

6. *Complémentaire d'un sous-ensemble*

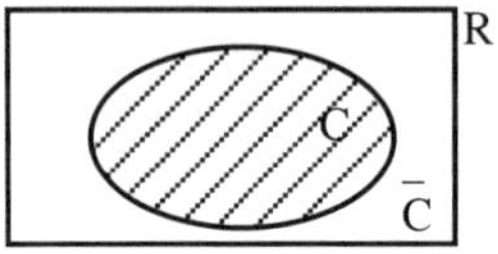

Figure 6

Le sous-ensemble non hachuré sur la figure 6 est l'ensemble des éléments qui ne sont pas dans C. On note $\overline{C}$ ce nouveau sous-ensemble (On lit : « C barre ») ou $\complement_R C$. C'est le *complémentaire* de C dans R.

Lois de De Morgan

$\overline{A \cup B} = \overline{A} \cap \overline{B}$ et : $\overline{A \cap B} = \overline{A} \cup \overline{B}$

Loi d'inclusion inverse

Si : $A \subset B$ alors : $\overline{B} \subset \overline{A}$

Remarque : les démonstrations par les diagrammes sont équivalentes aux démonstrations par tables de vérité.

7. *Partition*

Un sous-ensemble de l'ensemble de parties d'un référentiel R est une **PARTITION** de R si les trois conditions suivantes sont réalisées :

1 : La réunion de ces parties est l'ensemble référentiel R.

2 : L'intersection de ces parties prise deux à deux est l'ensemble vide.

3. Aucune de ces parties n'est vide.

8. Une nouvelle méthode de démonstration : les diagrammes de Venn généralisés

Il s'agit d'un dessin obéissant à des règles suffisamment strictes pour qu'on puisse y lire une démonstration. **Un diagramme de Venn généralisé est une représentation exhaustive ; le référentiel est figuré par un rectangle, et chaque cas possible par une partie connexe et une seule.**

Une **partie connexe** est une portion de surface telle que deux de ses points peuvent être reliés par un chemin (un trait curviligne) qui lui est intérieur ; **en découpant selon les traits, on isolerait chaque partie connexe.**

S'il y a *n* informations logiques, le nombre de cas est 2^n. Un diagramme de Venn direct est de **degré *n*** lorsqu'il représente une situation où il y a *n* informations logiques ; il a 2^n parties connexes.

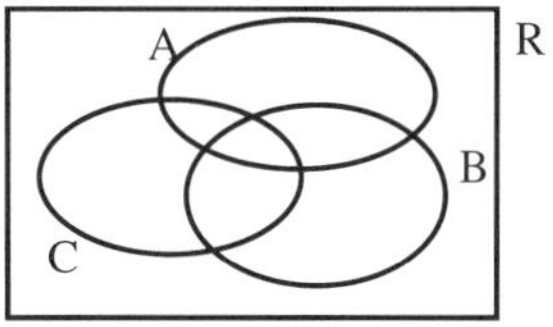

Figure 7
degré 3
$2^3 = 8$ cas possibles

La figure 7, ci-dessus, présente un **diagramme de Venn** de la seule manière correcte ; toutes les intersections possibles y sont visibles.

Avec un **diagramme de Caroll,** on peut représenter quatre sous-ensembles initiaux, ce qui donne $2^4 = 16$ cas possibles, correspondant à 16 parties connexes (exemple en figure 8).

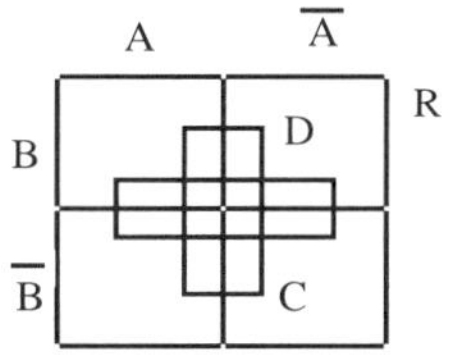

Figure 8

Les **diagrammes de Karnaugh** se présentent sous forme de rectangles dont les bords sont confondus avec ceux de R (figure 9).

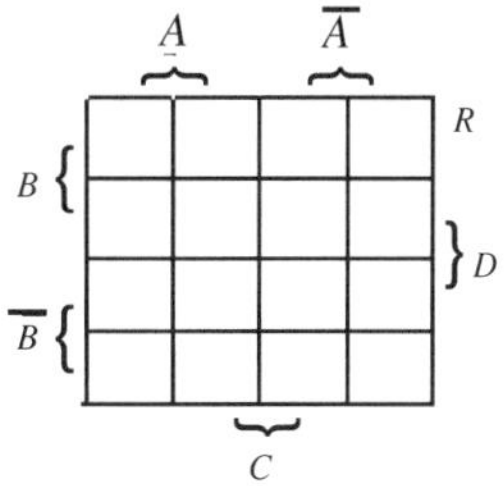

Figure 9

La figure 10 indique le résultat de la découverte d'Anthony Edwards **(diagramme d'Edwards)** au degré 6. La représentation est théoriquement possible pour tout degré entier *n*.

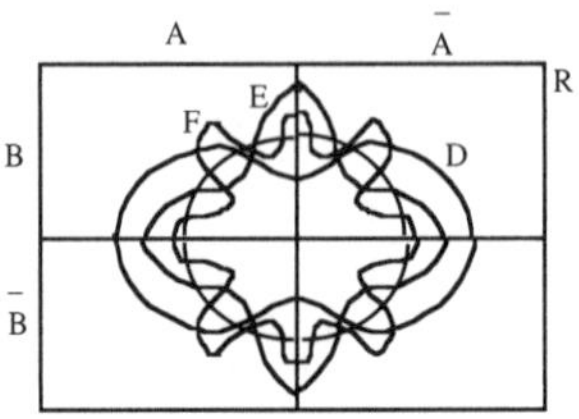

Figure 10

Diagrammes structurés pour les informations qualitatives ou quantitatives, regroupées par intervalles

Lorsque le caractère est qualitatif, ou quantitatif et regroupé par intervalles, il faut un autre type de diagramme, que nous qualifierons de STRUCTURÉ. Chaque modalité est figurée par un rectangle disjoint des autres (figure 11).

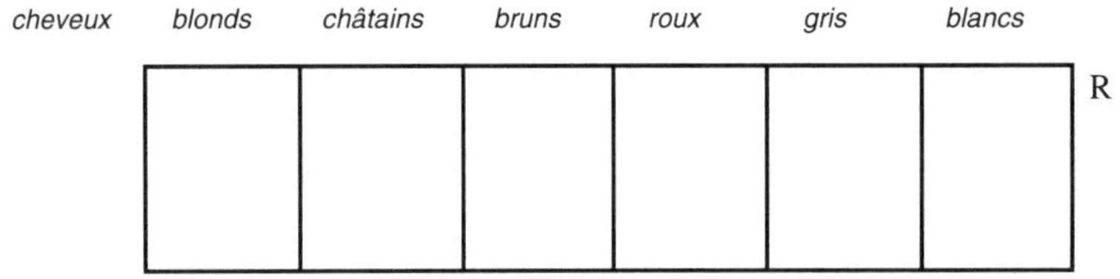

Figure 11
Diagramme structuré de degré 1, de dimension 6:6 cas possibles.

Si l'on considère simultanément deux caractères, il faut un diagramme structuré de degré 2. Exemple : le diagramme 8 x 4 de la figure 12.

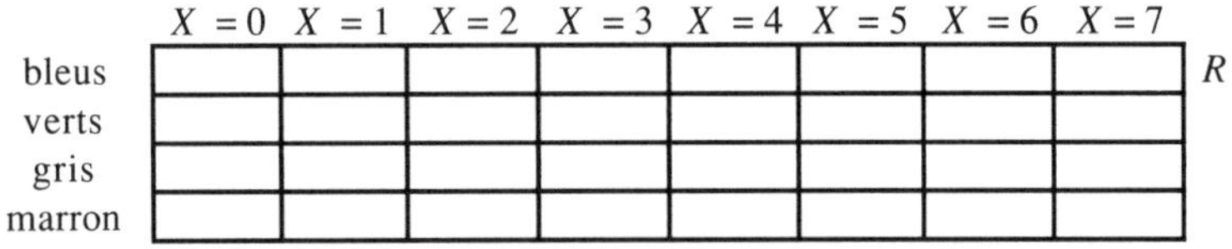

Figure 12

Diagrammes complets

Les diagrammes précédents peuvent être « complétés », en écrivant sur chacune de leurs parties connexes une valeur positive ou nulle qui représente un effectif, une aire, une proportion, un pourcentage ou une probabilité. On les traitera comme des aires.

EXERCICES

②°① Considérez l'ensemble P des nombres pairs de 1 à moins de 50. Précisez, pour chacun des nombres suivants, s'il est, oui ou non, élément de P :

12,25 ; 104 ; 36 ; 41 ; 18 ; 50.

Utilisez, pour répondre, les symboles $\in$ (“appartient à” et $\notin$ “n'appartient pas à”.

$12{,}25 \notin P$ (12,25 n'est pas entier, ni pair);
$104 \notin P$ (104 est supérieur à 50);
$36 \in P$;
$41 \notin P$;
$18 \in P$;
$50 \notin P$ (il s'agit des nombres pairs de 1 à *moins* de 50).

②°② Soit M l'ensemble des maladies contagieuses. Nommez quatre de ses éléments.

On peut donner d'autres exemples.

La rougeole, la varicelle, la scarlatine, la coqueluche.

②°③ Les ensembles suivants sont-ils bien définis :

a) l'ensemble des personnes présentes dans une pièce?
b) l'ensemble des personnes présentes dans ma salle à manger?
c) l'ensemble des personnes présentes dans ma salle à manger le 19 janvier 1999 à 12 h 30?
d) l'ensemble de gens gentils?
e) l'ensemble des personnes qui mesurent plus de 1,85 m?
f) l'ensemble des habitants du monde qui mesurent plus de 1,50 m le 25 janvier 1999 à 0 heure G.M.T. ?

a) Il faut savoir quelle est cette pièce et à quel moment on se situe.
b) Il faut savoir quand (et même où, si j'ai, par exemple, une résidence secondaire !).
c) Cet ensemble est bien défini.
d) Les frontières de cet ensemble sont mal définies. Qui est gentil? (et il manque le lieu, la date...).
e) Il faut préciser dans quelle population et à quelle date.
f) L'ensemble est bien défini; cela ne veut pas dire qu'il est aisément mesurable, mais seulement qu'il est possible de savoir qui lui appartient et qui ne lui appartient pas.

②°④ Soit R l'ensemble des élèves du collège Jacques-Cœur de Nomorantin, C l'ensemble des élèves de la classe de première B2, F l'ensemble des filles de cette classe, S l'ensemble des élèves du collège dont le prénom commence par un S. Quels rapports d'inclusion peut-on remarquer entre ces ensembles ? Dessinez un diagramme de Venn représentatif de cette situation.

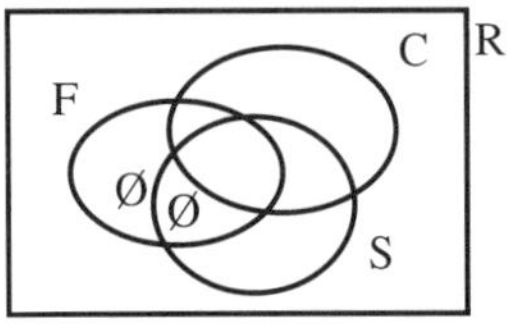

Figure 1

Des filles de la classe de première B2 appartiennent à F, C et R. Par contre, les élèves du collège dont le nom commence par un S ne sont pas tous en première B2 et ne sont pas tous des filles. On a donc :

$$F \subset C \subset R$$

$$S \subset R$$

et le diagramme de Venn est celui de la figure 1 où deux parties connexes sont vides, celles qui correspondent à des élèves de F qui ne seraient pas dans C.

②°⑤ Parmi les voitures en état de marche aujourd'hui dans le monde, il y a des voitures fabriquées en Allemagne, dont certaines sont de la marque Vol, des voitures fabriquées en Italie dont certaines sont de la marque Fio.
Quel est l'ensemble référentiel ? Quels sont les sous-ensembles qui sont nommés dans la phrase précédente ? Attribuez une lettre à chacun d'eux.
Représentez cette situation par un diagramme de Venn. Quels rapports d'inclusion remarquez-vous ? Observez-vous des ensembles disjoints ?

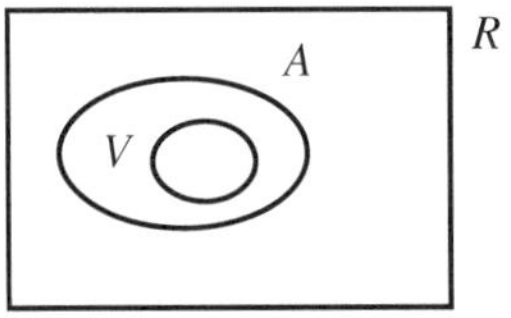

Figure 2

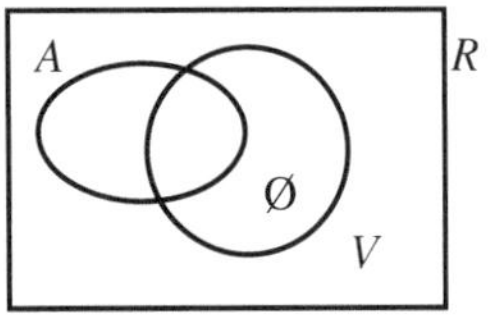

Figure 3

Soit :
R : l'ensemble de voitures en état de marche dans le monde aujourd'hui,
A : l'ensemble des voitures allemandes de R,
V : l'ensemble de voitures de la marque Vol,
I : l'ensemble des voitures italiennes,
F : l'ensemble des voitures de la marque Fio.

On peut dessiner le diagramme de Venn de la figure 2 ou celui de la figure 3, plus générale, où l'ensemble des voitures Vol qui ne sont pas allemandes est signalé comme vide, et de même la figure 4.

Pour représenter les quatre sous-ensembles, on peut utiliser le diagramme structuré de la figure 5 où l'un des caractères est la nationalité, et l'autre la marque.

Les **inclusions** entre sous-ensembles apparaissent dans les diagrammes 3 et 4, mais surtout dans le 5 : deux sous-ensembles vides dans une colonne indiquent qu'une marque appartient à la nationalité restante.

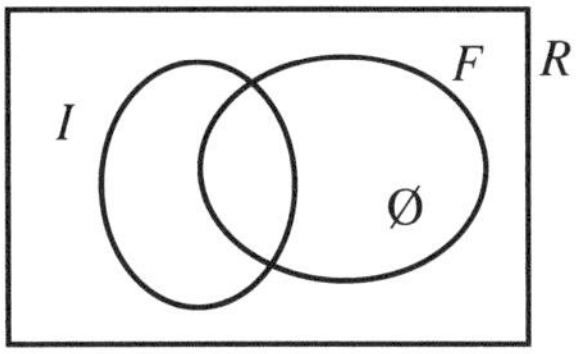

Figure 4

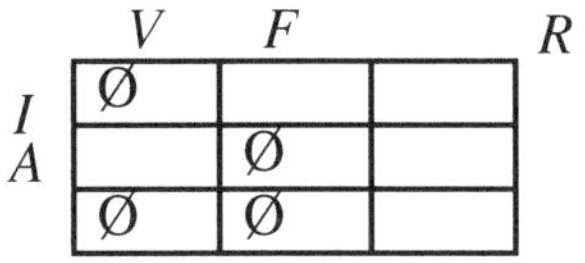

Figure 5

Les inclusions suivantes existent donc :

$A \subset R$ $\quad$ $V \subset R$ $\quad$ $V \subset A$.

et de même :

$I \subset R$ $\quad$ $F \subset R$ $\quad$ $F \subset I$.

On peut voir aussi sur le diagramme de la figure 5 que l'ensemble des voitures des autres nationalités est inclus dans l'ensemble des voitures des autres marques :

$$\overline{A \cup I} \subset \overline{V \cup F}$$

On peut citer des ensembles **disjoints** :

A et $\overline{A}$ $\quad$ V et $\overline{V}$ $\quad$ V et $\overline{A}$

I et $\overline{I}$ $\quad$ F et $\overline{F}$ $\quad$ F et $\overline{I}$

A et I $\quad$ A et F $\quad$ I et V.

②°⑥ Soit R l'ensemble des 100 premiers nombres entiers et A le sous-ensemble des nombres pairs inférieurs à 100. On pose :

$B = \{48, 56, 72, 24, 75\}$ $\quad$ $C = \{48, 56, 24\}$ $\quad$ $D = \{72, 75\}$ $\quad$ $E = \{36, 37\}$.

Donnez la signification des écritures suivantes et précisez celles qui sont vraies et celles qui sont fausses.

a) $D \subset A$ $\quad$ *b)* $B \supset C$ $\quad$ *c)* $B \subset A$ $\quad$ *d)* $D \subset B$ $\quad$ *e)* $C \supset B$

a) D est inclus dans A, 75 est un nombre impair : c'est **faux**.
b) B contient C : c'est **vrai** ; 48, 56 et 24 sont les éléments de C et de B.
c) B est inclus dans A. **Non,** 75 est impair.
d) D est inclus dans B : **oui**, 72 et 75 sont des éléments de B.
e) C contient B. **Non**. 72 et 75 ne sont pas dans C.

②°⑦ Soit R l'ensemble des êtres humains en vie aujourd'hui. C le sous-ensemble formé par les Chinois et A celui formé par les Asiatiques.

1° Représentez cette situation par un diagramme de Venn.
2° Quelles inclusions remarquez-vous ?
3° Comment sont représentées sur le diagramme les parties de R suivantes :

$A \cup C$; $\quad$ $A \cap C$; $\quad$ $A \cup R$; $\quad$ $C \cap \varnothing$; $\quad$ $A \cup \varnothing$; $\quad$ $C \cap R$.

Simplifiez ces expressions lorsque c'est possible et écrivez en langage courant quels ensembles elles représentent.

1° On peut dessiner le diagramme de la figure 6.
2° On marque la partie vide : les Chinois sont des asiatiques.

$$C \subset A$$

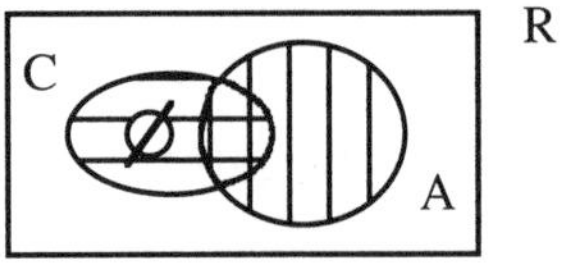

Figure 6

(En outre, $C \subset R$ et $A \subset R$,)
3° Hachurons C horizontalement et A verticalement,
$A \cup C = A$, ensemble des Asiatiques, est hachuré au moins verticalement,
$A \cap C = C$, ensemble des Chinois, est quadrillé,
$A \cup R = R$, ensemble des êtres humains, est le rectangle entier,
$C \cap \varnothing$ est l'ensemble vide,
$A \cup \varnothing = A$, ensemble des Asiatiques, est hachuré au moins verticalement,
$C \cap R = C$, ensemble des Chinois, est quadrillé.

②°⑧ Des bateaux sont amarrés aujourd'hui dans un port de plaisance. Certains bateaux sont munis de voiles ou de moteur, d'autres n'ont ni voile ni d'un moteur. Représentez cette situation par un diagramme de Venn.
Comment sont représentés les sous-ensembles de bateaux suivants : ceux qui ont des voiles et un moteur? Ceux qui n'ont ni voiles, ni moteur? Ceux qui ont une voile et pas de moteur? Ceux qui ont un moteur mais pas de voiles?

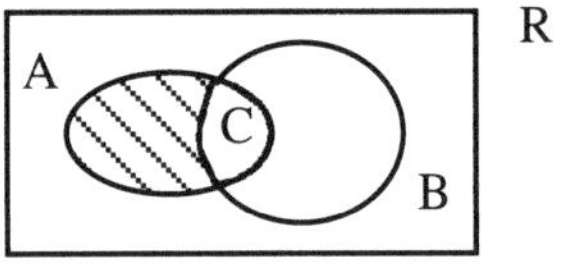

Figure 7

Il convient d'abord de nommer les ensembles. Soit par exemple :

B, l'ensemble des bateaux du port (référentiel),
V, l'ensemble des bateaux à voiles,
M, l'ensemble des bateaux à moteur.

On peut dessiner le diagramme de la figure 7 et hachurer V verticalement et M horizontalement.

L'ensemble des bateaux ayant des voiles et un moteur est $V \cap M$, représenté par la partie quadrillée.
L'ensemble des bateaux n'ayant ni voiles ni moteur est :

$$\complement_B (V \cup M).$$

Il est représenté sans hachure. Ceux qui ont des voiles et pas de moteur forment l'ensemble $V \setminus M$, hachuré uniquement verticalement.
Ceux qui ont un moteur mais pas de voiles forment l'ensemble $M \setminus V$, hachuré uniquement horizontalement.

②°⑨ Soit R l'ensemble des nombres entiers strictement inférieurs à 100, A le sous-ensemble des nombres pairs, B le sous-ensemble des multiples de 3 et C celui des multiples de 6.

1° Que représente C par rapport à A et B ?

2° Représentez le diagramme de Venn correspondant.

3° En utilisant cette représentation, quelle comparaison pouvez-vous faire entre $A \setminus B$ et $A \setminus C$ d'une part ? Entre $B \setminus C$ et $B \setminus A$ d'autre part ?

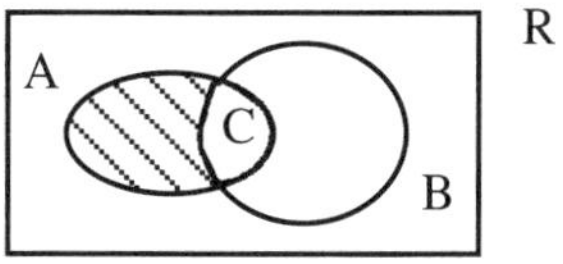

Figure 8

1° Les multiples de 6 sont *à la fois* pairs et multiples de 3, et réciproquement les multiples de 3 pairs sont multiples de 6 donc :

$$C = A \cap B.$$

2° Le diagramme est celui de la figure 8 dans lequel C est l'intersection de A et B.

3° $A \setminus B$ est hachuré : c'est aussi $A \setminus C$:

$$\boldsymbol{A \setminus B = A \setminus C}.$$

De même : $$\boldsymbol{B \setminus C = B \setminus A}.$$

②°①⓪ R est l'ensemble des magasins du centre commercial de Sérigny 2, avec les sous-ensembles : M, des magasins qui ont un fond musical permanent, V, des magasins qui vendent des vêtements, et S de ceux qui pratiquent des soldes.

1° Tracez le diagramme de Venn correspondant, avec M en hachures verticales, V en hachures horizontales et S en hachures obliques.

2° Comment sont représentées sur le diagramme les parties suivantes :

$M \cap V$? $M \cap S$? $(M \cap V) \cup (M \cap S)$? $V \cup S$? $M \cap (V \cup S)$?

Énoncez en langage courant la signification de chacun de ces sous-ensembles.
Quelle égalité remarquez-vous ?

3° Comment sont représentées les parties suivantes :

$M \cup V$? $M \cup S$? $(M \cup V) \cap (M \cup S)$? $V \cap S$? $M \cup (V \cap S)$?

Énoncez en langage courant leur signification. Quelle égalité remarquez-vous ?

4° On a montré sur l'exemple que, pour trois parties quelconques A, B et C d'un référentiel R, on a :

$A \cap (B \cup C) = (A \cap B) \cup (A \cap C)$ et : $A \cup (B \cap C) = (A \cup B) \cap (A \cup C)$

C'est la **double distributivité de l'union et de l'intersection** dans l'ensemble des parties d'un ensemble de référence R. Comparons aux nombres entiers. Remplacez $\cap$ par x, $\cup$ par +, A par 3, B par 4 et C par 5. A-t-on :

$3 \times (4 + 5) = (3 \times 4) + (3 \times 5)$ *et :* $3 + (4 \times 5) = (3 + 4) \times (3 + 5)$?

Si les deux égalités étaient vraies, il y aurait double distributivité de l'addition et de la multiplication ; si l'une seule des deux égalités est vraie, on dit qu'il y a distributivité dans un sens et non dans l'autre. Précisez de quel cas il s'agit.

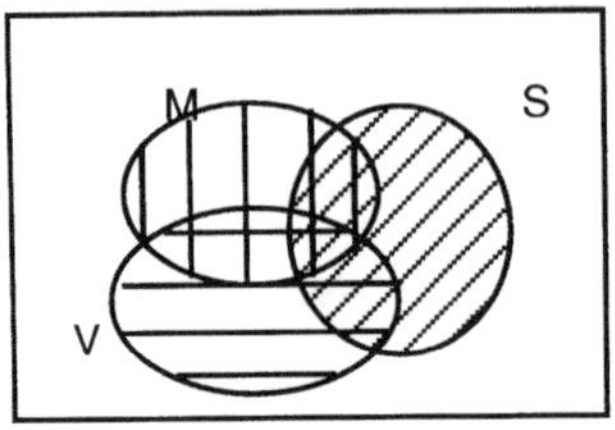

Figure 9

1° Voir figure 9.

2° $M \cap V$, ensemble des magasins qui vendent des vêtements avec un fond musical, est *quadrillé* ;
$(M \cap V) \cup (M \cap S)$, ensemble des magasins qui vendent des vêtements avec un fond musical et des magasins qui vendent des soldes avec un fond musical, est *hachuré verticalement et au moins d'une autre manière*.
$V \cup S$ est l'ensemble des magasins qui vendent des vêtements « et/ou » pratiquent des soldes, *hachuré en oblique ou horizontalement* ;
$M \cap (V \cup S)$ est l'ensemble des magasins qui ont un fond musical et vendent des vêtements ou des soldes, *hachuré verticalement et au moins d'une autre manière*.
On remarque : $M \cap (V \cup S) = (M \cap V) \cup (M \cap S)$.

3° On constate de même :

$$M \cup (V \cap S) = (M \cup V) \cap (M \cup S)$$

$M \cup V$ est l'ensemble des magasins qui ont un fond musical ou vendent des vêtements (ou les deux). Il est *représenté par les contours hachurés horizontalement ou verticalement*.
$M \cup S$ est l'ensemble des magasins qui ont un fond musical et/ou pratiquent des soldes. Il est *représenté par les contours hachurés verticalement ou en oblique*.
La partie commune à ces deux ensembles est *hachurée verticalement ou hachurée deux fois*. Il s'agit de l'ensemble $M \cup (V \cap S)$ des magasins qui ont un fond musical ou vendent des vêtements en même temps qu'ils pratiquent des soldes.
L'ensemble des magasins où il y a un fond musical ou une vente de vêtements avec des soldes est l'ensemble des magasins où il y a un fond musical ou des magasins qui vendent des vêtements en même temps qu'ils pratiquent des soldes.

4° Nous avons démontré les deux égalités d'ensembles de l'énoncé avec $M = A$, $V = B$, $S = C$. La démonstration est générale, car nous n'avons fait aucune hypothèse particulière concernant les réunions et intersections de M, V et S.

En ce qui concerne les nombres, on a bien :

$$3 \times (4 + 5) = (3 \times 4) + (3 \times 5)$$

mais l'autre égalité n'est pas vraie. Il y a distributivité de l'addition par rapport à la multiplication, mais pas l'inverse.
La réunion et l'intersection des ensembles sont doublement distributives. L'addition et la multiplication des nombres ne sont distributives que dans un sens.

②°①① Soit *A* et *B* deux parties quelconques d'un ensemble de référence *R*. Tracez sur la figure 9 une flèche qui relie la notation placée à droite à la partie hachurée de chaque dessin de gauche :

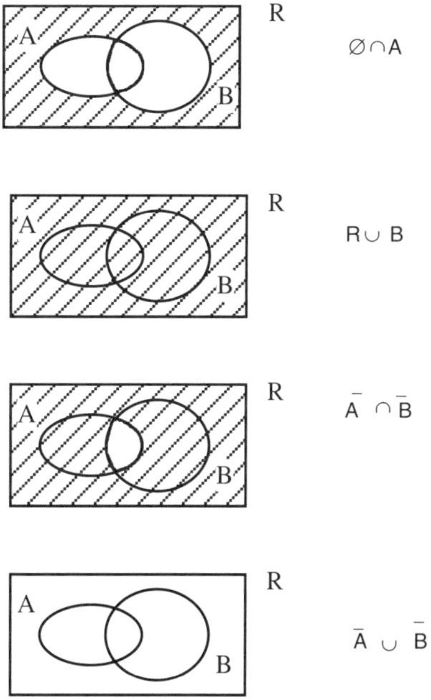

Figure 9

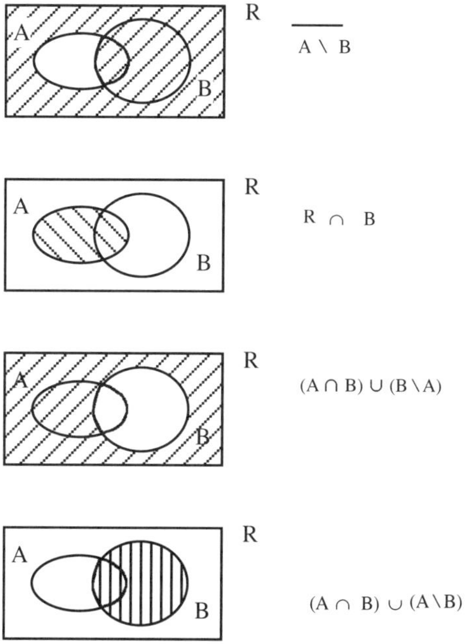

Figure 10

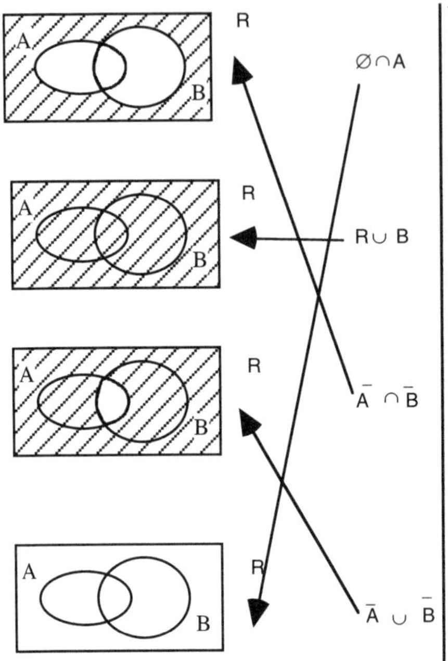

Figure 11

Voir figure 11.

$\varnothing \cap A = \varnothing$: c'est le diagramme non hachuré.

$R \cup B = R$, représenté par le diagramme entièrement hachuré.

$\overline{A} \cap \overline{B} = \overline{A \cup B}.$

$\overline{A} \cup \overline{B} = \overline{A \cap B}.$

②°①② Même exercice que précédemment pour les quatre cas de la figure 10 (p. 35).

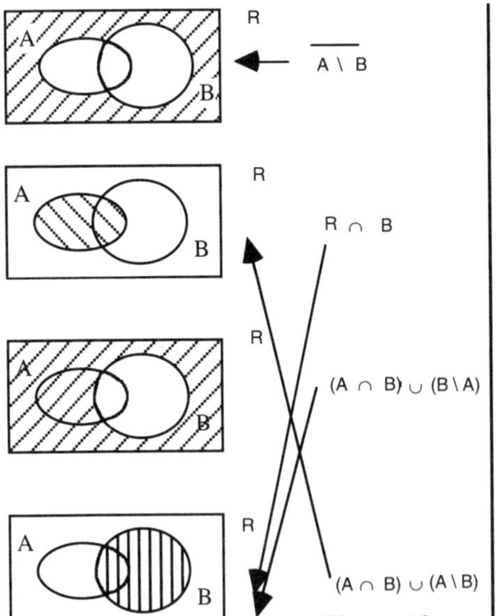

Figure 12

Voir figure 12.

$R \cap B = B$

$(A \cap B) \cup (B \setminus A) = B$

$(A \cap B) \cup (A \setminus B) = A$

Deux flèches aboutissent au même dessin; le dessin représentant $\overline{B}$ n'est le correspondant d'aucune expression donnée.

②°①③ Les référentiels sont des ensembles de chapeaux.
Voici des informations qui peuvent être représentées par des diagrammes (figure 13).

Certains chapeaux sont blancs, d'autres beiges, les autres noirs.

Il y a des chapeaux blancs, d'autres noirs, et des chapeaux d'autre couleur et aussi des chapeaux en feutre, d'autres en paille et d'autres encore.

Certains sont en paille, quelques-uns sont noirs et certains sont décorés d'un nœud plat.

Certains chapeaux sont en paille et quelques-uns sont noirs.

Certains sont décorés d'un nœud plat, les autres non.

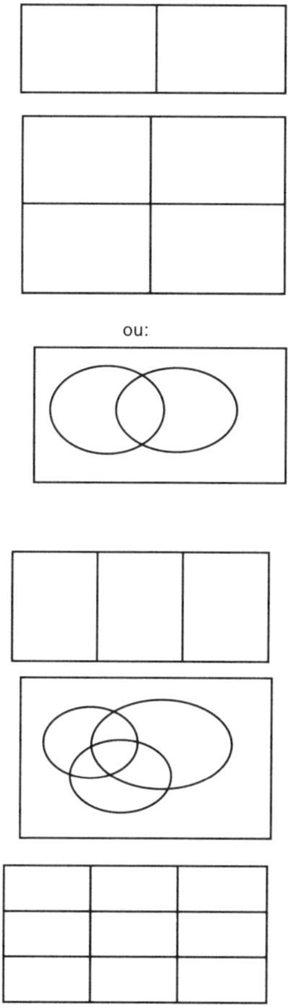

Figure 13

Placez des flèches entre les informations et les diagrammes qui peuvent les représenter ; indiquez sur les diagrammes les noms des ensembles.

Pour placer les flèches (figure 14), il faut examiner d'abord les caractéristiques des chapeaux, voir combien elles sont et si elles sont compatibles ou non. On regarde également la nature de l'information : logique (noir ou non ; en paille ou non) ou qualitative (la couleur).

On désigne les sous-ensembles :
B : des chapeaux blancs,
N : des chapeaux noirs,
C : des chapeaux d'autres couleurs,
P : des chapeaux de paille,
D : des chapeaux décorés d'un nœud plat.
On indique sur les diagrammes ces sous-ensembles, le référentiel étant R.

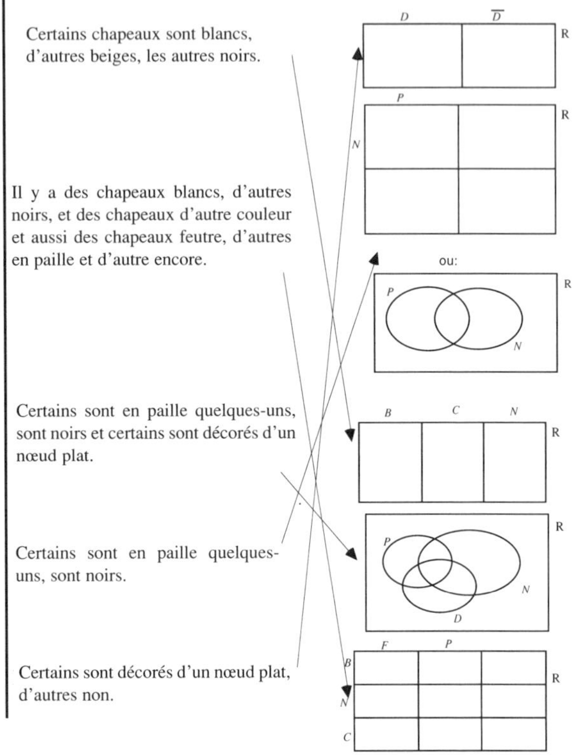

Figure 14

②°①④ On considère un ensemble de référence *R* muni de 3 parties quelconques *A*, *B* et C. Une partie construite à partir de *A*, *B* et *C* est représentée sur un diagramme de Venn, placé à gauche du dessin. Écrivez, sur la figure 15, au milieu, la définition correspondante et hachurez le diagramme de Karnaugh dessiné à droite pour représenter le même sous-ensemble.

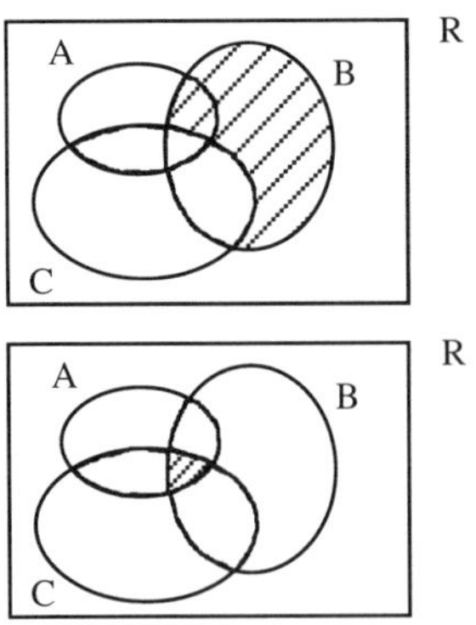

Figure 15

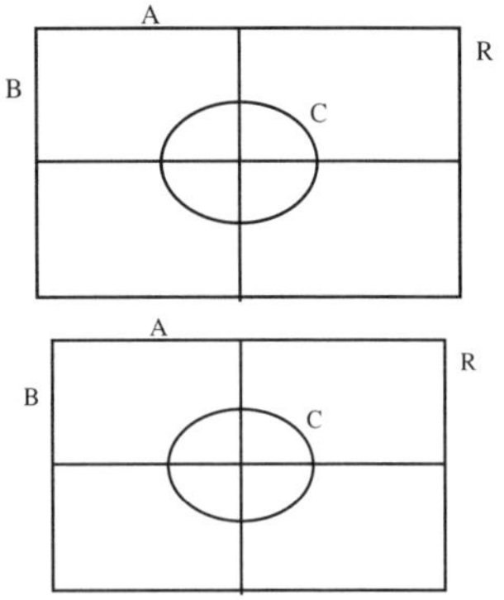

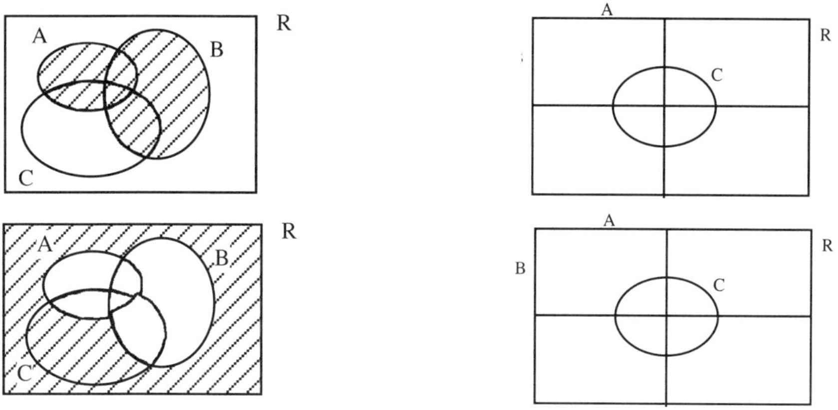

Figure 15 suite

Cet exercice montre que les diagrammes de Venn et ceux de Karnaugh sont équivalents, tout en mettant en évidence des propriétés différentes. Les deux formes de représentation se complètent.

Voir la solution en figure 16.

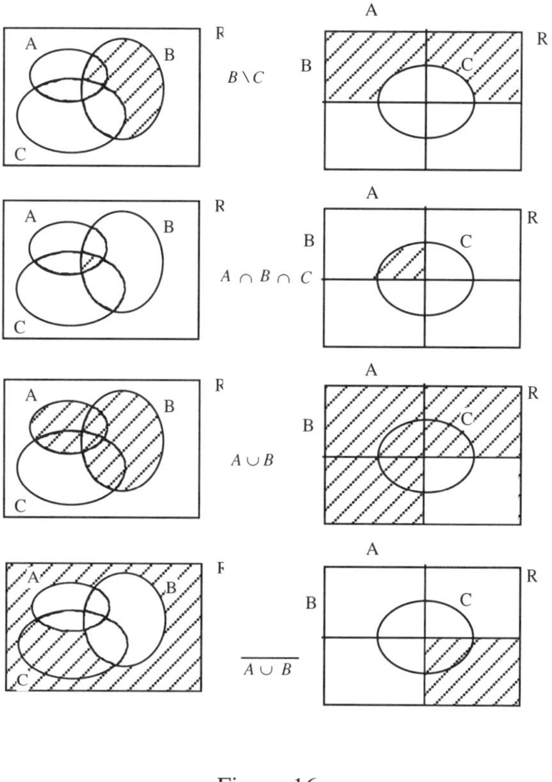

Figure 16

②°①⑤ Avec les mêmes hypothèses qu'à l'exercice précédent en partant des diagrammes de Karnaugh, complétez les diagrammes de Venn de la figure 17 et placez la définition au milieu.

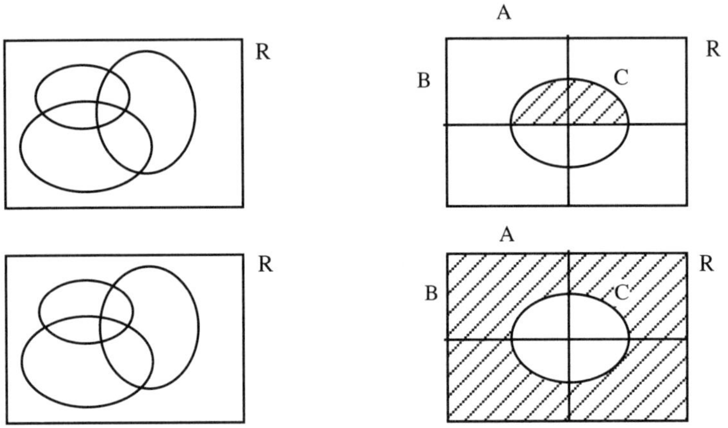

Figure 17

La solution est la figure 18.

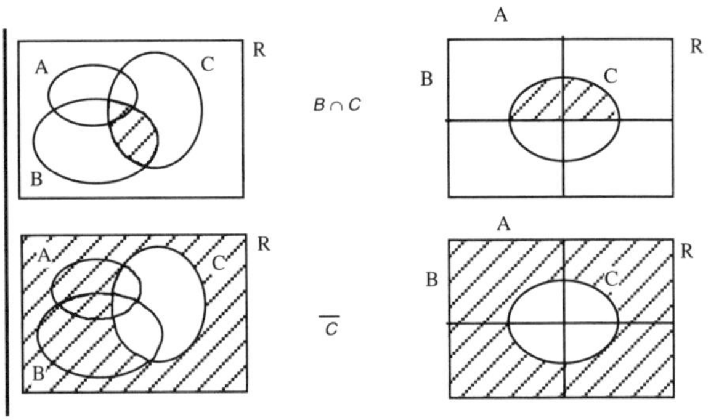

Figure 18

②°①⑥ Soit R l'ensemble des êtres humains vivant en Amérique du Sud, C le sous-ensemble des Chiliens et J le sous-ensemble des jeunes de moins de 25 ans. Compléter par des flèches les correspondances entre les éléments de chacune des trois colonnes de la figure 19.

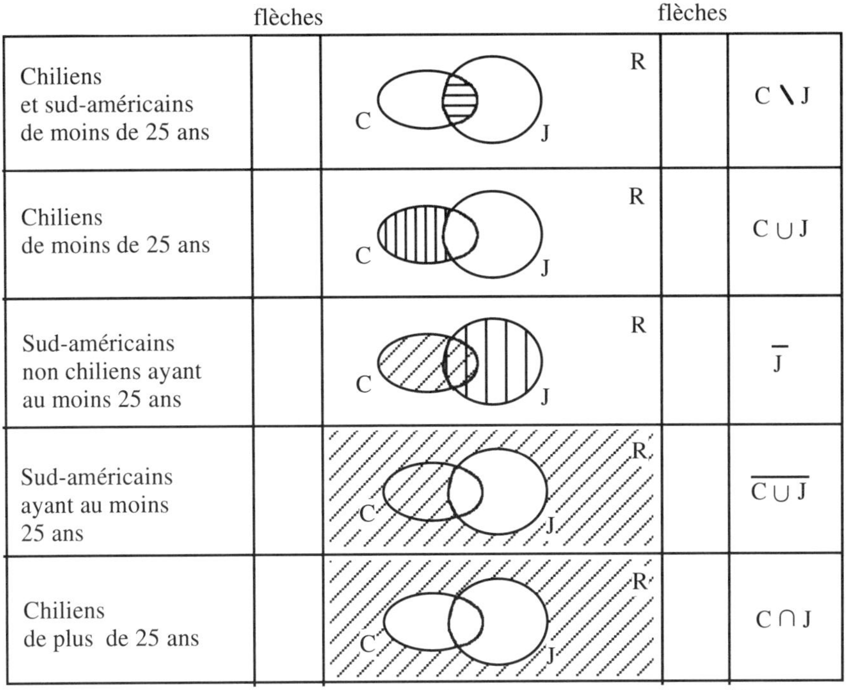

Figure 19

La solution constitue la figure 20.

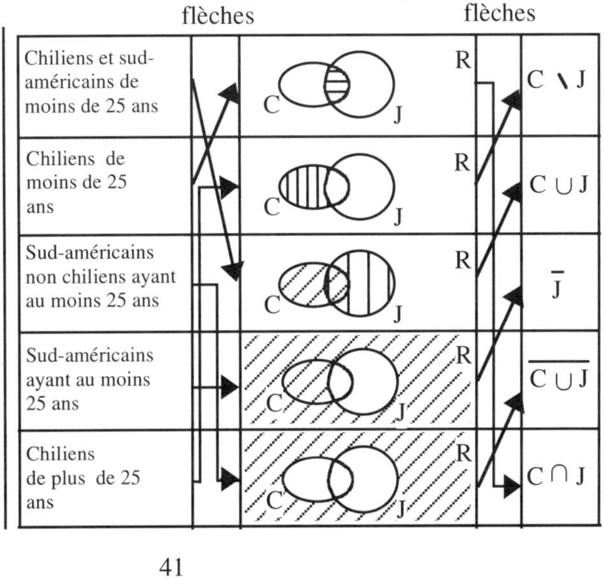

Figure 20

②°①⑦ Une nouvelle gamme de voitures est arrivée. On en trouve des noires (ensemble *N*), des blanches (*B*), des grises (*G*) et des rouges (*R*), et cela en trois options : Junior (*J*), Fox (*F*) ou Oxford (*O*). Le diagramme correspondant est le suivant, en désignant la première partie connexe par Z_1, la deuxième par Z_2, etc.

	N	*B*	*G*	*R*
J	Z_1	Z_4	Z_7	Z_{10}
F	Z_2	Z_5	Z_8	Z_{11}
O	Z_3	Z_6	Z_9	Z_{12}

Tracez les flèches de correspondance entre les ensembles écrits dans les colonnes de droite et ceux écrits dans celles de gauche.

$J \cap (B \cup R)$	$Z_2 \cup Z_8$
$(J \cup F) \cap (G \cup R)$	$Z_7 \cup Z_8 \cup Z_{10} \cup Z_{11}$
$(N \setminus B) \cap G$	$Z_4 \cup Z_{10}$
$F \cap G \cap O$	$Z_1 \cup Z_{10}$
$(N \cup G) \cap F$	$\varnothing$

$J \cap (B \cup R)$ est l'ensemble des Junior blanches ou rouges. Il est représenté par $Z_4 \cup Z_{10}$.
(A continuer.)
▲ *Deux ensembles sont vides ; par contre, l'un des ensemble de gauche ne correspond à aucun ensemble de droite.*

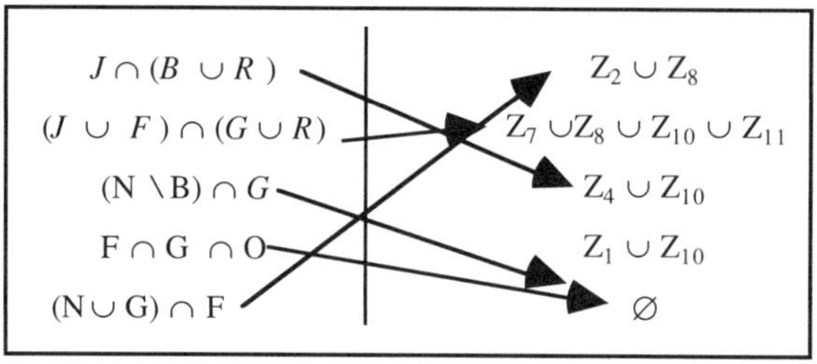

②°①⑧ Considérons tous les bateaux aujourd'hui en eau dans le monde, et parmi eux, les bateaux à voiles et ceux dont la coque est en bois.
1° Représentez cette situation par un diagramme de Venn.
2° Indiquez sur ce diagramme les ensembles de bateaux suivants après les avoir formalisés :
- ceux qui n'ont ni voile, ni coque en bois.
- ceux qui n'ont pas à la fois des voiles et une coque en bois.
- ceux qui ont soit une coque en bois, soit des voiles.

3° Comment s'expriment les lois de De Morgan dans ce cas particulier ?

▼ *N'oubliez jamais de formaliser, lorsque ce n'est pas fait dans l'énoncé.*

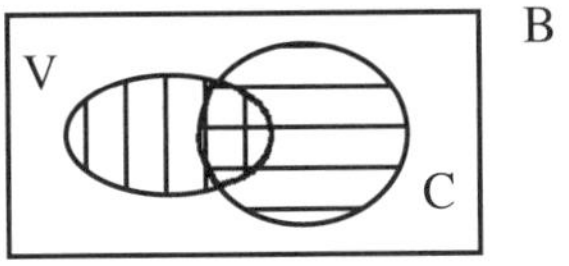

Figure 21

1° Il faut nommer les ensembles :
B : ensemble référentiel des bateaux aujourd'hui en eau dans le monde,
V : ensemble des bateaux à voile,
C : ensemble des bateaux dont la coque est en bois.
On obtient la figure 21, où V est hachuré verticalement et C horizontalement.

2° L'ensemble des bateaux qui n'ont *ni voile ni coque en bois* : $\overline{V \cup C}$ est en blanc sur le diagramme.
L'ensemble de ceux qui n'ont pas *à la fois* des voiles et une coque en bois : $\overline{V \cap C}$ est hachuré une seule fois ou non hachuré.
L'ensemble de ceux qui ont soit une coque en bois, soit des voiles : $V \cup C$ est hachuré (une ou deux fois).

3° Les lois de De Morgan s'écrivent :
$\overline{V \cup C} = \overline{V} \cap \overline{C}$: l'ensemble des bateaux qui n'ont ni voile ni coque en bois (sans hachure sur le diagramme) est le complémentaire de l'ensemble des bateaux qui ont des voiles ou une coque en bois.
$\overline{V \cap C} = \overline{V} \cup \overline{C}$: l'ensemble des bateaux qui n'ont pas à la fois des voiles et une coque en bois (non quadrillé sur le diagramme) est la réunion de l'ensemble des bateaux sans voile et de l'ensemble des bateaux sans coque en bois.

②°①⑨ Soit R l'ensemble des instruments de musique en vente dans un magasin, P le sous-ensemble des pianos et G celui des guitares.
1° Représentez cette situation par un dessin.
2° Que signifie $\overline{P} \cap \overline{G}$?
3° Que peut-on dire de $P \cap G$? et de $\overline{P \cap G}$?
4° Vérifier que : $\overline{P \cap G} = \overline{P} \cup \overline{G}$?

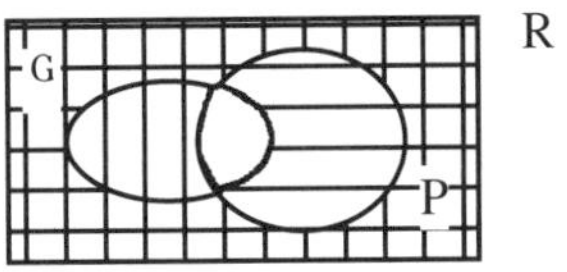

Figure 22

1° Le diagramme peut être celui de la figure 22 ou de la figure 23.

2° On peut hachurer horizontalement $\overline{G}$ et verticalement $\overline{P}$. Leur intersection est doublement hachurée. C'est $\overline{G \cup P}$.

Il s'agit de l'ensemble des instruments de musique qui ne sont ni des pianos ni des guitares. On vérifie la loi de De Morgan.

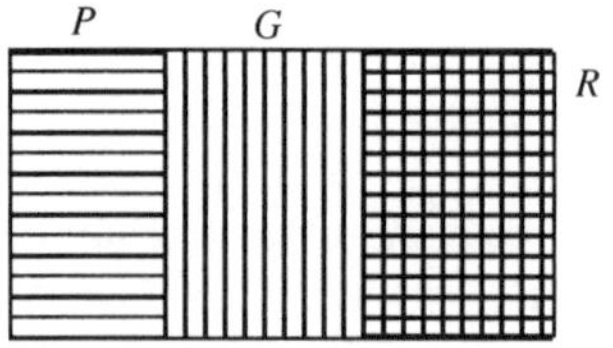

Figure 23

3° $P \cap G$ est l'ensemble des pianos qui seraient aussi des guitares : c'est l'ensemble vide. Donc son complémentaire est le référentiel :

$$\overline{P \cap G} = R$$

4° $\overline{P} \cup \overline{G}$ est représenté sur les figures 22 et 23 par les parties hachurées. Or, la partie non hachurée de la figure 22 est vide ; dans la figure 23, aucune partie n'est sans hachure :

$$\overline{P} \cup \overline{G} = R$$

On a bien, en utilisant le 3° : $\overline{P} \cup \overline{G} = \overline{P \cap G}$ y compris dans ce cas particulier.

On peut aussi regarder la signification de ces ensembles.
$\overline{P \cap G}$ est l'ensemble des instruments de musique qui ne sont pas à la fois des pianos et des guitares : c'est donc l'ensemble des instruments de musique.

$\overline{P} \cup \overline{G}$ est la réunion des instruments qui ne sont pas des pianos et de ceux qui ne sont pas des guitares. Les pianos sont dans $\overline{G}$ et les guitares dans $\overline{P}$; tous les instruments de musique sont dans $\overline{P} \cup \overline{G}$; par conséquent, il s'agit encore de l'ensemble des instruments de musique.

②°②⓪ Un peintre abstrait dessine une aquarelle. Sa feuille de papier est l'ensemble de référence F. Il place des taches de bleu qui forment le sous-ensemble B, puis des taches de jaune (sous-ensemble J) et des taches de rouge (sous-ensemble R). Ces taches peuvent se recouvrir partiellement les unes les autres.
1° Représentez les ensembles et sous-ensembles par un diagramme de Venn classique. Précisez les couleurs finales de chacune des huit parties suivantes, sachant que « bleu et jaune » donne vert, « bleu et rouge », violet, « rouge et jaune », orange et que les trois couleurs l'une sur l'autre donnent du noir :

$B \cap \overline{J} \cap \overline{R}$	$\overline{B} \cap J \cap \overline{R}$	$B \cap \overline{J} \cap R$	$B \cap J \cap \overline{R}$
$\overline{B} \cap J \cap \overline{R}$	$\overline{B} \cap J \cap R$	$\overline{B} \cap \overline{J} \cap \overline{R}$	$\overline{B} \cap \overline{J} \cap R$.

2° Écrivez, à l'aide des trois noms de sous-ensembles définis ci-dessus, les sous-ensembles suivants :

x_1 : bleu ou vert, x_2 : bleu ou violet ou rouge,
x_3 : orange ou jaune ou vert, x_4 : orange ou vert ou violet,
x_5 : blanc ou vert ou violet, x_6 : rouge ou violet ou bleu.

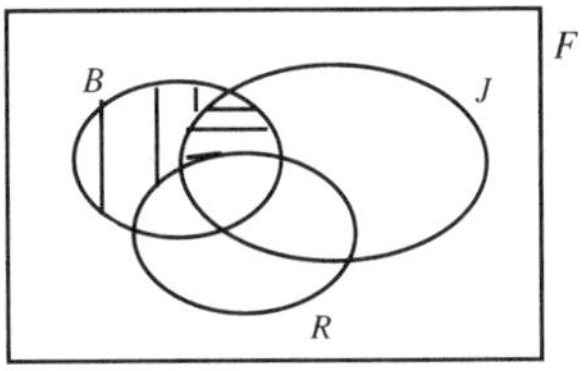

Figure 24

On peut dessiner le diagramme de la figure 24.

$B \cap \bar{J} \cap \bar{R}$ est hachuré verticalement sur le diagramme : cet ensemble est bleu.

$B \cap J \cap \bar{R}$ est hachuré horizontalement. Cet ensemble est bleu et jaune à la fois, donc vert.

De même :
$B \cap \bar{J} \cap R$ est violet.
$B \cap J \cap R$ est noir.
$\bar{B} \cap J \cap \bar{R}$ est jaune.
$\bar{B} \cap J \cap R$ est orange.
$\bar{B} \cap \bar{J} \cap \bar{R}$ est blanc.
$\bar{B} \cap \bar{J} \cap$ R est rouge.

2° x_1. Il s'agit de la zone hachurée horizontalement ou verticalement sur le diagramme. On peut l'écrire :

$$x_1 = B \setminus R.$$

ou $x_1 = (B \cap \bar{J} \cap \bar{R}) \cup (B \cap J \cap \bar{R}) = B \cap \bar{R}.$

D'autres écriture sont possibles !
Notamment des réunions d'ensembles trouvés au 1°.

De même :
$x_2 = (B \cup R) \setminus J.$

$x_3 = \mathrm{J} \setminus (B \cap R \cap J).$

$x_4 = [(B \cap J) \cup (J \cap R) \cup (R \cap B)] \setminus (B \cap R \cap J).$

$$\begin{aligned} x_5 &= (\overline{B \cup J \cup R}) \cup (\bar{B} \cap J \cap R) \cup (B \cap J \cap \bar{R}) \\ &= (\overline{B \cup J \cup R}) \cup (J \cap [(\bar{B} \cap R) \cup (B \cap \bar{R})]) \\ &= (\overline{B \cup J \cup R}) \cup (J \cap [(R \setminus B) \cup (B \setminus R)]). \end{aligned}$$

$x_6 = (B \cup R) \setminus \mathrm{J}.$

②°②① Le 1er janvier 2000, soient *R* l'ensemble des Français, *M* le sous-ensemble des Marseillais, *P* celui des Parisiens et *B* celui des habitants du département des Bouches-du-Rhône.

1° Représentez cette situation par un diagramme de Venn.

2° Traduisez en langage courant les propositions suivantes et dites celles qui sont vraies et celles qui sont fausses :

a) $\bar{M} \subset \bar{B}$; *b)* $P \cap M = \varnothing$; *c)* $M \subset B$; *d)* $M \cap B = \varnothing$;
e) $\overline{B \cup M} \supset P$; *f)* $B \cup M \supset P$; *g)* $\overline{B \cap M} = \bar{B} \cup \bar{M}$;
h) $B \cap M \subset P$; *i)* $\overline{P \cap M} = \bar{B} \cap \bar{M}$; *j)* $\overline{B \cap M} = \bar{M}$.

1° Marseille est dans les Bouches-du-Rhône. Le diagramme de Venn peut donc être celui de la figure 25. Mais celui de la figure 26 est plus conforme à la syntaxe des diagrammes de Venn que nous pro-

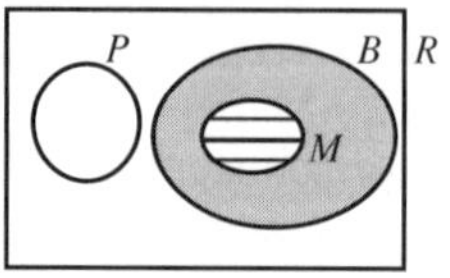

Figure 25

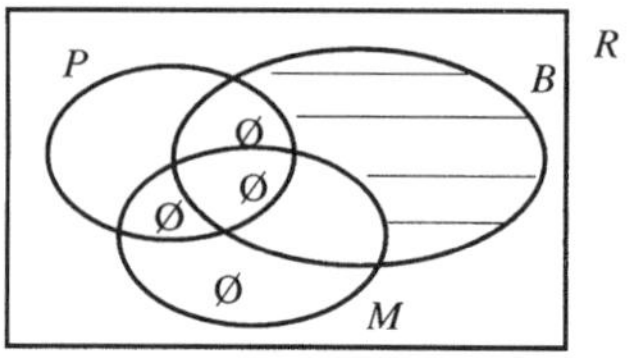

Figure 26

posons dans cet ouvrage : tous les sous-ensembles sont représentés ; ceux qui sont vides sont signalés. Il reste quatre parties connexes représentant des ensembles « non vides ».

2° *a)* L'ensemble des non-Marseillais est inclus dans celui des Français qui ne sont pas des Bouches-du-Rhône : c'est **faux** car il y a des habitants des Bouches-du-Rhône qui ne sont pas marseillais (en gris sur la figure 25 et hachuré sur la figure 26).

b) Aucun Parisien n'est marseillais : **vrai**.

c) **Vrai,** tous les Marseillais sont dans les Bouches-du-Rhône.

d) **Faux** : l'intersection de l'ensemble des Marseillais et de l'ensemble des habitants des Bouches-du-Rhône n'est pas vide : c'est l'ensemble des Marseillais.

e) ($B \cup M = B$). L'ensemble des Français qui ne sont pas des Bouches-du-Rhône contient les Parisiens. **Vrai.**

f) **Faux.** L'ensemble ($B \cup M = B$) des habitants des Bouches-du-Rhône ne contient pas les Parisiens.

g) **Vrai** (loi de De Morgan). Il s'agit de l'ensemble des Français qui ne sont pas marseillais.

h) $B \cap M \subset P$. **Faux**. L'ensemble des Marseillais n'est pas contenu dans celui des Parisiens.

i) $\overline{P \cap M}$ est l'ensemble R puisque $P \cap M = \emptyset$. Par contre, $\overline{B} \cap \overline{M} = \overline{B}$. **Faux**.

j) $\overline{B \cap M} = \overline{M}$. **Vrai.** Il s'agit de l'ensemble des Français non marseillais.

②°②② Observons les voitures garées devant le supermarché le plus proche. Certaines voitures sont noires, certaines ont une antenne de radio sur le toit, certaines ont quatre portes et certaines n'ont aucune des propriétés précédentes. Peut-on déterminer, à l'aide de ces renseignements, une partition de l'ensemble des voitures garées devant le supermarché ? Comment ?

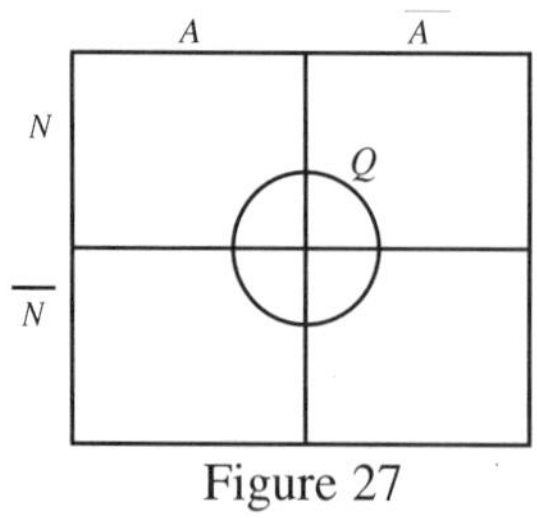

Figure 27

On peut distinguer l'ensemble des voitures noires N et celui des voitures « non noires » $\overline{N}$; celui des voitures qui ont une antenne, A, et son complémentaire $\overline{A}$; celui des voitures à 4 portes, Q, et son complémentaire $\overline{Q}$.

On peut utiliser la représentation par diagramme de la figure 27 (diagramme de Caroll) ou celle de la figure 28 (diagramme de Karnaugh).
Il s'agit d'une partition en 2 **x** 2 **x** 2 ou 8 parties disjointes.
N.B. 1. Ce n'est une partition que si aucune des 8 parties n'est vide, ce dont on ne peut pas être sûr d'après l'énoncé.

N.B. 2. On peut aussi envisager les partitions suivantes :
a) A et $\overline{A}$ (deux parties),
b) N et $\overline{N}$,
c) Q et $\overline{Q}$,
d) $A \cap N$ et $A \cap \overline{N}$ et $\overline{A} \cap N$ et $\overline{A} \cap \overline{N}$ (quatre parties) ?
et d'autres...

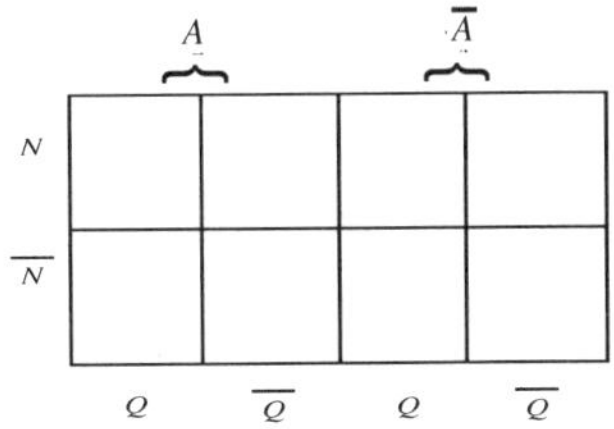

Figure 28

②°②③ M. et Mme Dupont ont une fille, Amélie. A eux trois ils forment la famille Dupont. Écrivez toutes les partitions imaginables dans cette famille.

Désignons par F l'ensemble des trois personnes, p, m et a représentent respectivement le père, la mère et Amélie. Les sous-ensembles de F sont :
$\emptyset$ $\{a\}$ $\{p\}$ $\{m\}$ $\{a, p\}$ $\{p, m\}$ $\{m, a\}$ F
Les partitions possibles sont :
- $\{a\}$ $\{p\}$ $\{m\}$
- $\{a\}$ $\{p, m\}$
- $\{p\}$ $\{a, m\}$
- $\{m\}$ $\{a, p\}$

On vérifiera que les trois conditions sont respectées.

②°②④ Dans un petit bois, se trouve des arbres à feuillage persistant et des arbres à feuilles caduques, des chênes et d'autres arbres ; certains arbres ont plus de 2,50 m de haut et les autres sont plus petits. Il existe des chênes à feuilles caduques et des chênes « verts » à feuillage persistant.
1° Donnez des noms aux ensembles et sous-ensembles ainsi distingués. Quel est le degré du diagramme de Venn généralisé qui illustrera cette situation ? Représentez ce diagramme.
2° Hachurez sur le diagramme les ensembles vides qui apparaissent lorsqu'on constate qu'aucun chêne ne mesure plus de 2,50 m et que les arbres qui ne sont pas des chênes sont tous à feuilles caduques.

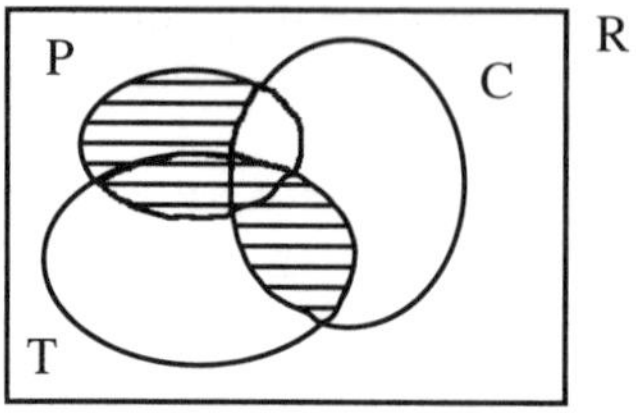

Figure 29

3° Écrivez des égalités d'ensembles qui expriment les affirmations précédentes.

1° Soit :

R l'ensemble des arbres d'un bois,
P l'ensemble des arbres à feuillage persistant,
C l'ensemble des chênes,
T l'ensemble des arbres de plus de 2,50 m.

On peut représenter cette situation par un diagramme direct de degré 3 (figure 29).

2° et 3° La première affirmation se traduit par : $C \cap T = \emptyset$ et la deuxième par : $\overline{C} \cap P = \emptyset$.
Les ensembles vides sont hachurés sur la figure 4.

②°②⑤ Soit E l'ensemble $\{1, 2, 3, 4, 5\}$ et F l'ensemble des nombres consécutifs :

$$F = \{1, 2, 3,..., 98, 99, 100\}.$$

1° On fait correspondre à chaque élément de E, trois fois cet élément augmenté de 17. A-t-on ainsi défini une application de E dans F ? Est-elle injective ? Surjective ?
2° On fait correspondre à chaque élément de E trois fois cet élément diminué de 17. S'agit-il d'une application de E dans F ?
3° On fait correspondre 100 à tous les éléments impairs de E et zéro à tous les éléments pairs. S'agit-il d'une application de E dans F ?

1° Cherchons à comprendre cette correspondance. A 1 correspond $3 \times 1 + 17 = 20$; à 2 correspond 23, à 3, 26, à 4, 29 et à 5, 32.
A tout élément de E correspond un élément de F. Il s'agit d'une application. Cette application est une injection, car aucun élément de F n'est le correspondant de deux éléments de E. Par contre, ce n'est pas une surjection car *des* éléments de F ne sont l'image d'aucun élément de E (par exemple 1, 12, 25,...).

2° 1 ne correspond à aucun élément de F :
$3 \times 1 - 17 = -14$ n'est pas un élément de F ; on voit de même qu'aucun élément de E n'a de correspondant dans F. La « correspondance » n'est pas une application.

3° A 2 et 4 ne correspond aucun élément de F, puisque zéro n'appartient pas à F. Il n'y a pas application.

3. NOTION DE MESURE, CARDINAL D'UN ENSEMBLE

Rappels

1. Cardinal d'un ensemble

Le CARDINAL d'un ensemble fini est le nombre d'éléments de cet ensemble : c'est un **nombre** entier positif ou nul.

Le cardinal d'un ensemble A s'écrit : **Card A.** Pour écrire le cardinal d'une partie d'ensemble résultant d'opérations sur des sous-ensembles, on met des parenthèses : Card ($A \cap B$) ou Card ($A \cup B$).

$$\textbf{Card}\ (A \cup B) = \textbf{Card}\ A + \textbf{Card}\ B - \textbf{Card}\ (A \cap B)$$

Un diagramme de Venn est *complet* si les cardinaux correspondant à chaque partie connexe sont tous indiqués.

2. Notion de mesure

Une application est une **mesure** sur un ensemble R lorsque :
- à toute partie de cet ensemble, la mesure fait correspondre une valeur positive ou nulle ;
- quelles que soient A et B, parties de R, en désignant par mes (E) la mesure d'un sous-ensemble quelconque E :

$$\text{mes}\ (A \cup B) = \text{mes}\ (A) + \text{mes}\ (B) - \text{mes}\ (A \cap B)$$

Le **cardinal** est une mesure sur un ensemble.

3. *Partition numérotée simple*

Si à chaque élément d'un ensemble de référence correspond un numéro, la partition formée des sous-ensembles des éléments ayant même numéro s'appelle PARTITION NUMÉROTÉE.

4. *Partition par intervalles numérotés (ou classes)*

Définition. On appelle **intervalle** sur $\mathbb{R}$ (ensemble des nombres réels) l'ensemble des nombres compris entre deux réels. Par exemple, l'ensemble des nombres réels compris entre 1 et moins de 2 est un intervalle de $\mathbb{R}$ et s'écrit $[1,2[$. Le crochet indique si le 1 ou le 2 appartiennent à l'intervalle.

Si à chaque élément d'un ensemble de référence correspond un nombre et si l'on classe ces nombres en intervalles disjoints, la partition formée des sous-ensembles des éléments dont le nombre est situé dans le même intervalle s'appelle PARTITION PAR INTERVALLES NUMÉROTÉS.

5. *Définitions générales concernant les partitions numérotées*

(Ces notions seront développées par la suite)
Soit une partition numérotée sur un ensemble R avec la mesure m et les numéros notés x, que la mesure soit le cardinal ou la fréquence (statistique) ou la probabilité (calcul des probabilités), on définit :
La **moyenne** $\bar{x}$: somme des valeurs de x, pondérés par le quotient de la mesure correspondante par la mesure totale.
La **médiane** : celle des valeurs de x qui se trouve au milieu de la partition, lorsque ces valeurs sont ordonnées.
Le **mode** : valeur la plus fréquente.
L'**étendue** : différence entre la plus grande et la plus petite valeur de x représentées dans la partition numérotée.
La **variance** : moyenne des carrés des écarts à la moyenne.
L'**écart type** : racine carrée de la variance, exprimé dans la même unité que x.

Remarque. Moyenne, médiane et mode sont des caractéristiques de tendance centrale ; elles servent à résumer une partition numérique à l'aide d'une seule valeur. Étendue, variance et écart-type sont des caractéristiques de dispersion, ils indiquent si l'ensemble des valeurs est plus ou moins dispersé ou resserré autour de la valeur centrale.

EXERCICES

③°① Dans l'unique classe de 6e du collège Saint-Alban, il y a 20 élèves, dont 12 filles. Cinq enfants portent des lunettes (dont 3 garçons). Cette situation peut être représentée par chacun des diagrammes de la figure 1. Complétez-les.

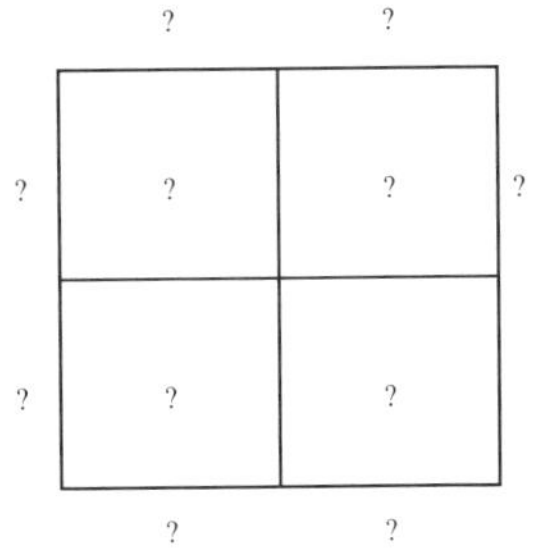

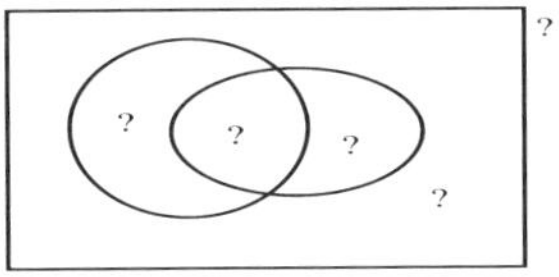

Figure 1

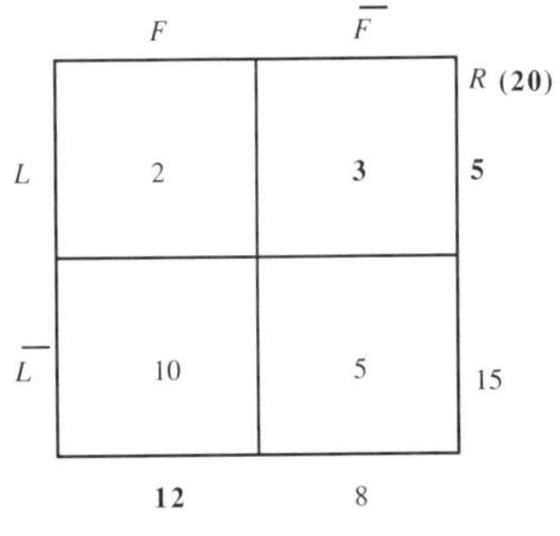

Figure 2

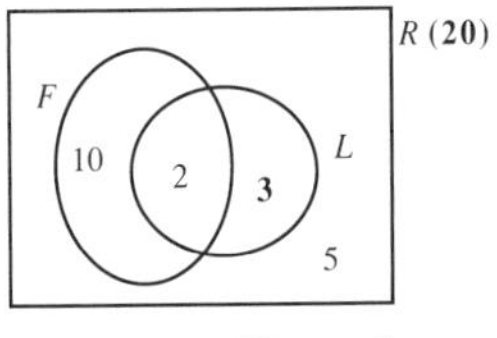

Figure 3

Il y a 12 filles, donc 8 garçons. Trois garçons portent des lunettes, donc aussi 2 filles.

On peut compléter les diagrammes en désignant par R l'ensemble des élèves de la classe, par F l'ensemble des filles et par L l'ensemble des enfants qui portent des lunettes et en indiquant les cardinaux de chaque sous-ensemble. On obtient les figures 2 et 3.
(Les données de base y sont inscrites en caractères gras. On complète par des soustractions.)

③°② Dans un garage, il y a 100 voitures, dont 15 bleues et 47 de grande taille. Exactement 3 voitures de grande taille sont bleues.
1° Représentez cette situation par un diagramme de Venn complet (R représente l'ensemble des voitures du garage, P l'ensemble des voitures de grande taille et B celui des voitures bleues).
2° Calculez les cardinaux des ensembles suivants :

$$\overline{P},\ \overline{B},\ P \cup B,\ P \cap B,\ \overline{P} \cup \overline{B},\ \overline{P} \cap \overline{B},\ P \cap B,\ P \cup B.$$

Indiquez la signification de chacun de ces ensembles.

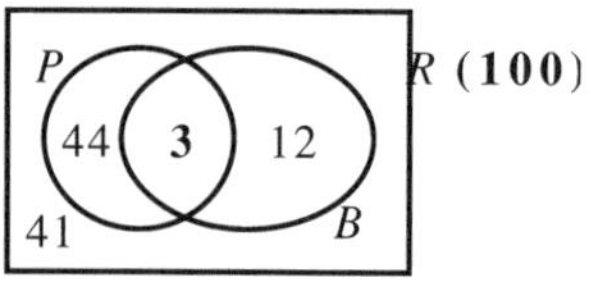

Figure 4

1° On trace le diagramme de Venn complet de la figure 4. On part des **trois** voitures de grande taille qui sont bleues ($P \cap B$), ce qui permet d'inscrire : 15 - 3 = 12 pour les autres voitures bleues et : 47 - 3 = 44 autres voitures de grande taille. Il reste : 100 - (44 + 3 + 12) = 41 voitures qui ne sont ni bleues ni de grande taille ($\overline{\mathrm{P}} \cap \overline{\mathrm{B}}$).

2° Card $\overline{P}$ = 100 - 47 = 53 : il s'agit de l'ensemble des voitures de petite taille.

Card $\overline{B}$ = 100 - 15 = 85 : il s'agit de l'ensemble des voitures d'une autre couleur que le bleu.

Card ($P \cup B$) = 44 + 3 + 12 = 59 : il s'agit de l'ensemble des voitures qui sont soit bleues, soit de grande taille. On peut aussi calculer :

$$\text{Card } (P \cup B) = \text{Card } P + \text{Card } B - \text{Card } (P \cap B)$$
$$= 15 + 47 - 3 = 59.$$

Card ($P \cap B$) = 3 : il s'agit de l'ensemble des voitures bleues de grande taille.

$$\text{Card } (\overline{P} \cup \overline{B}) = \text{Card } \overline{P} + \text{Card } \overline{B} - \text{Card } (\overline{P} \cap \overline{B})$$
$$= 53 + 85 - 41 = 97 :$$

Il s'agit de l'ensemble des voitures qui sont soit de petite taille, soit d'une autre couleur que le bleu.

Card ($\overline{P} \cap \overline{B}$) = 41 (voir ci-dessus au 1°).

Card ($\overline{P \cap B}$) = 100 - 3 = 97 : il s'agit de l'ensemble des voitures qui ne sont pas à la fois de grande taille et bleues.
($\overline{P} \cup \overline{B} = \overline{P \cap B}$, loi de De Morgan.)
Card $\overline{P \cup B}$ = Card R - Card ($P \cup B$) = 100 - 59 = 41
Il s'agit de l'ensemble des voitures qui ne sont ni bleues ni de grande taille (égal à $\overline{P} \cap \overline{B}$).

③°③ Dans un port, il y a 13 bateaux dont 4 bateaux de guerre et, en tout, 7 bateaux noirs. Les bateaux de guerre sont noirs.
1° Représentez cette situation par un diagramme de Venn complet, en utilisant les notations : R ensemble des bateaux, G ensemble des bateaux de guerre, et N ensemble des bateaux noirs.
2° Quel est le cardinal de l'ensemble des bateaux noirs qui ne sont pas des bateaux de guerre ?
3° Quel est le cardinal de l'ensemble des bateaux de guerre qui ne sont pas noirs ?
4° Quel est le cardinal de l'ensemble des bateaux qui ne sont pas noirs ? Et celui des bateaux non prévus pour la guerre ?
5° Les bateaux de guerre sont noirs. Écrivez cela sous forme d'inclusion. L'inclusion $\overline{G} \subset \overline{N}$ est-elle vraie ?

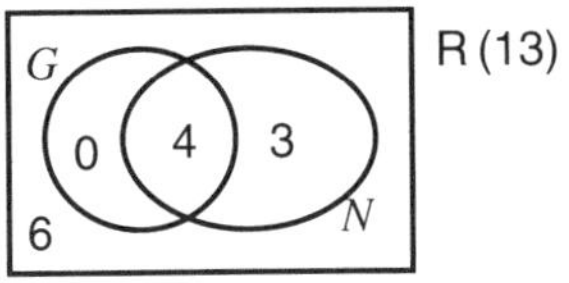

Figure 5

1° Le diagramme de Venn est celui de la figure 5. Les bateaux de guerre sont noirs. L'ensemble $G \setminus N$ est vide. L'ensemble $N \setminus G$ a 7 - 4, soit 3 éléments.
2° Nous venons de voir que c'est 3. **Trois bateaux noirs ne sont pas des bateaux de guerre.**
3° Ce cardinal est nul d'après l'énoncé. **Aucun navire de guerre n'est d'une autre couleur que le noir.**
4° Card $(R \setminus N) = 13 - 7 = 6$. Il y a **6 bateaux non noirs**. Ces 6 bateaux s'ajoutent aux 3 bateaux noirs, ce qui fait **9 bateaux non prévus pour la guerre**.
5° On écrit : $\boldsymbol{G \subset N}$. $\boldsymbol{\overline{G} \subset \overline{N}}$ **n'est pas vraie.** Certains bateaux non prévus pour la guerre sont noirs ($G \subset N$ entraîne $\overline{N} \subset \overline{G}$ et non $\overline{G} \subset \overline{N}$).

③°④ Une armoire contient 10 robes, 3 manteaux et 2 tailleurs. Trois robes et un manteau sont bleus. Les autres vêtements ont d'autres couleurs.
1° Représentez cette situation par un diagramme de Venn complet.
2° Quel est le cardinal de l'ensemble des vêtements bleus ?
3° Quel est le cardinal de l'ensemble des tailleurs bleus ?
4° Quel est le cardinal de l'ensemble des vêtements qui ne sont ni des robes ni des manteaux ?
5° Quel est le cardinal de l'ensemble des vêtements qui ne sont ni des tailleurs, ni bleus ?
6° Quel est le cardinal de l'ensemble des vêtements qui ont au moins l'une des deux propriétés : être une robe ou être bleu ?

	R	M	T	E (15)
B	**3**	**1**	**0**	4
$\overline{B}$	7	2	2	11
	10	**3**	**2**	

Figure 6

1° On désigne par :
E, le référentiel,
R, l'ensemble des robes,
M, l'ensemble des manteaux,

T, l'ensemble des tailleurs,

B, l'ensemble des vêtements bleus.

R, M et T forment une partition de E. B et $\overline{B}$ une autre. Une bonne représentation est donc un diagramme structuré d'ordre 2.

Pour compléter le diagramme de la figure 6, on inscrit les sommes données (inscrites en gras) : les totaux 10, 3 et 2 et les nombres de vêtements bleus 3, 1, 0 (total 4); les autres vêtements ne sont pas bleus. Il y a : 10 - 3 = 7 robes non bleues, 2 manteaux, 2 tailleurs. On doit retrouver de toutes les manières un total de 15 vêtements. A l'aide de ce diagramme, on répond aisément aux questions suivantes.

2° Card B = **4**.
3° Card $(B \cap T)$ = **0**.
4° Card $\overline{R \cup M}$ = Card T = **2**.
5° Card $\overline{(T \cup B)}$ = 7 + 2 = **9**.
6° Card $(B \cup R)$ = 3 + 7 + 1 = **11**.

③°⑤ Xavier était veuf avec deux enfants (Damien et Eric) quand il épousa Yolande, veuve également, avec trois enfants (Carole, Pierre et Laurence). Ensemble, ils ont eu une fille, Bénédicte. A chaque repas, ils se retrouvent ainsi à huit personnes à table : les parents et les six enfants. On appelle R l'ensemble de ces huit personnes, X l'ensemble des enfants de Xavier et Y l'ensemble de ceux de Yolande.
1° Résumez cette situation par un diagramme de Venn, en représentant chaque membre de la famille par la première lettre de son prénom.
2° Indiquez les prénoms de ceux qui se trouvent dans chacune des parties suivantes, en précisant la signification de ces parties :

$X \setminus Y$; $Y \setminus X$; $X \cap Y$; $\overline{X} \cap \overline{Y}$; $(X \cap Y) \setminus X$; $(X \cup Y) \cap \overline{Y}$; $X \cup \overline{Y}$.

3° Quelles égalités pouvez-vous en déduire?
4° Indiquez le cardinal de chacune des parties ci-dessus.

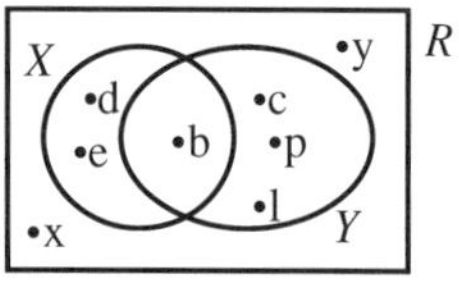

Figure 7

1° Le diagramme est celui de la figure 7.
2° $A = X \setminus Y$ = {d, e} : enfants de Xavier seul,

$B = Y \setminus X$ = {c, p, l} : enfants de Yolande seule,

$C = X \cap Y$ = {b} : fille des deux,

$D = \overline{X} \cap \overline{Y}$ = {x, y} : dans R, aucun enfant n'est enfant ni de Xavier ni de Yolande; mais Xavier et Yolande sont dans R.

$E = (X \cup Y) \setminus X$ = {c, p, l} = $Y \setminus X$: enfants de Yolande seule,

$F = (X \cup Y) \cap \overline{Y}$ = {d, e} = $X \setminus Y$: enfants de Xavier seul,

$G = X \cup \overline{Y} = \{d, e, b, x, y\}$: enfants de Xavier et parents.
3° On constate :

$$Y \setminus X = (X \cup Y) \setminus X.$$
$$X \setminus Y = (X \cup Y) \cap \overline{Y}.$$

4° On peut faire des calculs complexes, mais le plus simple est de compter les éléments, puisqu'ils ont été énumérés.
Card $A = 2$; Card $B = 3$; Card $C = 1$; Card $D = 2$; Card $E = 3$; Card $F = 2$; Card $G = 5$.

③°⑥ La figure 8 est un diagramme de Venn complet.
1° Quel est le cardinal de chacune des parties suivantes :
$A \cup B$; $\overline{C}$; $A \cap B \cap C$; $A \cap C$; $\overline{A \cap B}$; $\overline{B}$;
$A \cup B \cup C$; $(A \cap B) \cup C$; $\overline{A} \cap \overline{B} \cap \overline{C}$
2° Quelles sont, parmi les relations suivantes, celles qui sont vraies et celles qui sont fausses ?
$\overline{A} \supset C$; $A \cup B \subset \overline{C}$; $A \cup B \subset C$;
$\overline{A} \cup \overline{B} \supset C$.

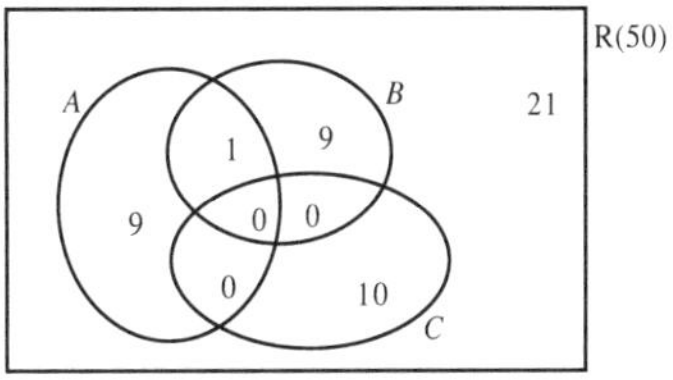

Figure 8

1° Card $(A \cup B) = 9 + 1 + 9 = 19$,
Card $\overline{C} = 50 - 10 = 40$,
Card $(A \cap B \cap C) = 0$,
Card $(A \cap C) = 0$,
Card $(\overline{A \cap B}) = 50 - 1 = 49$,
Card $\overline{B} = 50 - (9 + 1) = 40$,
Card $(A \cup B \cup C) = 50 - 21$ $(= 9 + 1 + 9 + 10) = 29$,
Card $[(A \cap B) \cup C)] = 1 + 10 = 11$,
Card $[(\overline{A} \cap \overline{B} \cap \overline{C})] = 21$.

2° A et C sont disjoints, donc $\overline{A} \supset C$ est vraie.
$A \cup B \subset \overline{C}$ est vraie.
$A \cup B \subset C$ est fausse.
$\overline{A} \cup \overline{B} \subset C$ est vraie, car $\overline{A \cap B} = \overline{A} \cup \overline{B}$ contient tous les éléments de R sauf un.

③°⑦ Deux instituts de sondage sont chargés de noter les tenues de 100 piétons choisis au hasard dans le centre de la ville d'Edimbourg (Ecosse). Voici les résultats du North British Demographic Institute (NBDI) :

50 hommes, 50 femmes ; 78 personnes en pantalon ; 41 avec chapeau, 16 femmes avec chapeau, 30 personnes en pantalon et chapeau, 32 femmes en pantalon, 7 femmes en pantalon et chapeau.

Voici les résultats du Scottish Statistic Institute (SSI) :

50 hommes, 50 femmes, 75 personnes en pantalon, 36 avec chapeau, 31 femmes en pantalon, 15 femmes avec un chapeau, 28 personnes en pantalon et avec chapeau, 22 hommes en pantalon et avec chapeau.

Quel est le plus sérieux de ces deux instituts de sondage ?

On pourra s'aider de diagrammes.

N'oubliez pas qu'en Écosse il y a des hommes en kilt (jupe).

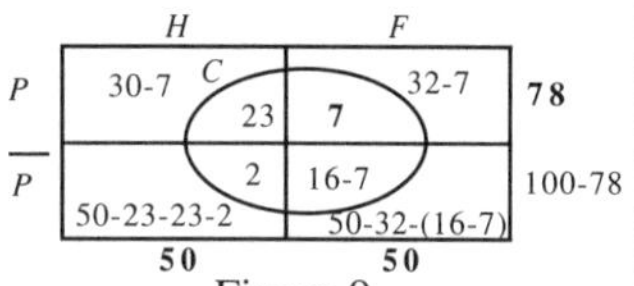

Figure 9

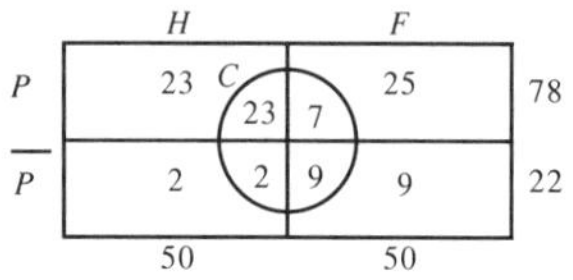

Figure 10

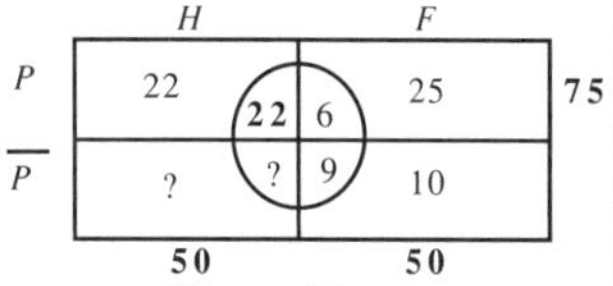

Figure 11

Désignons par :

H, l'ensemble des hommes,

F, l'ensemble des femmes ($F = \overline{H}$),

P, l'ensemble des personnes en pantalon,

C, l'ensemble des personnes avec chapeau.

On dessine les diagrammes de Venn complets correspondant aux deux instituts de sondage. Pour le NBDI (figure 10 dont la figure 9 représente un « brouillon » où la plupart des calculs sont indiqués et où les données sont en gras), on inscrit d'abord les sommes (50, 50, 78 et donc 100 - 78 = 22), puis les 7 femmes en pantalon et avec chapeau, donc 32 - 7 = 25 femmes en pantalon sans chapeau et 30 - 7 = 23 hommes en pantalon et avec chapeau.

On complète : 78 - (23 + 7 + 25) = 23 hommes en pantalon et sans chapeau. 16 - 7 = 9 femmes avec chapeau et sans pantalon.

41 - (23 + 7 + 9) = 2 hommes avec chapeau et kilt, donc :

50 - 23 - 23 - 2 = 2 hommes en kilt et sans chapeau.

On raisonne de la même manière pour élaborer la figure 11, résultat du NBDI.

Au stade où le diagramme est réalisé sur cette figure, on a 22 + 6 + 9 soit 37 personnes avec un chapeau; or l'institut n'en dénombre que 36 : il y a contradiction !

Le seul institut de sondage sérieux est donc le NBDI. L'autre donne des résultats incohérents et, d'ailleurs, suffisamment proches de ceux du NDBI pour qu'on puisse être presque sûr que ces derniers soient exacts.

③°⑧ Un jardin mesure 30 m sur 35. Il comporte un bassin carré de 100 m^2, une allée de gravier de 150 m^2 dont 40 m^2 sont remplis d'herbe. Le reste du jardin est recouvert d'herbe, avec quelques arbres dont la surface au sol est négligeable. Nous allons utiliser sur cet ensemble une mesure qui ne sera pas le cardinal, mais l'aire.
1° Dessinez une représentation possible de ce jardin en respectant, autant que possible, l'échelle. On nommera A la surface en allées et H la surface recouverte d'herbe. Dessinez également un diagramme complet de cette situation.
2° Calculez les aires des parties suivantes :

$$\overline{A},\quad \overline{H},\quad A \cap H,\quad \overline{A \cap H},\quad A \setminus H,\quad A \cup H,\quad H \setminus A.$$

3° Quelle est la proportion de l'aire de l'allée recouverte en herbe ? Quelle est la proportion de l'aire du jardin, en dehors de l'allée, qui se trouve sans herbe ?

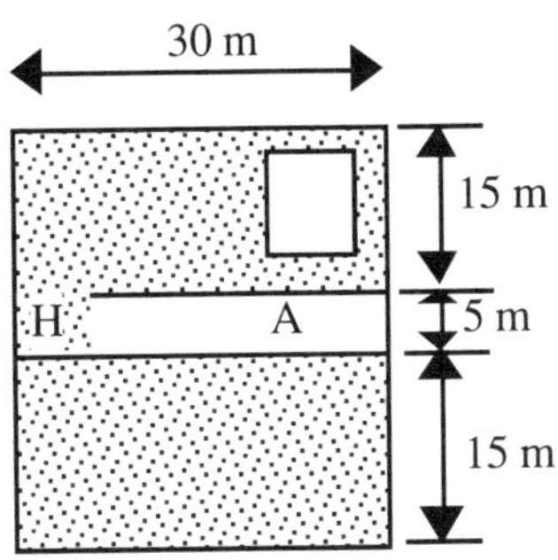

Figure 12

▼ *D'autres hypothèses sont possibles sur la position de l'allée, celle du basin et celle des 40 m^2 recouverts d'herbe.*

	A	$\overline{A}$	R **(1050)**
H	**40**	800	840
$\overline{H}$	110	**100**	210
	150	900	

Figure 13

1° En supposant que l'allée suive la largeur du jardin en son milieu, et que le bassin soit sur un côté, on obtient la figure 12. A est la bande. La partie H est ombrée.
Le diagramme structuré est la figure 13 (en gras, les données, avec l'aire totale : 30 **x** 35 = 1 050 m^2).
2° L'aire de $\overline{A}$ est l'aire totale diminuée de 150 m^2 :

30 **x** 35 - 150 = 1050 - 150 = **900 m^2**.

L'aire de H est l'aire totale diminuée de celle du bassin et de la partie « propre » de l'allée :

1 050 - 100 - (150 - 40) = 840 m^2.

Celle de $\overline{H}$ est son complémentaire :

1 050 - 840 = **210m^2**.

L'aire de $A \cap H$ est **40 m^2** selon l'énoncé (partie de l'allée couverte d'herbe).
L'aire de $(\overline{A \cup H})$ est celle du bassin : **100 m^2**.
L'aire de $A \setminus H$ est 150 - 40 = **110 m^2** (partie « propre » de l'allée).
L'aire de $A \cup H$ est l'aire totale diminuée de celle du bassin : **950 m^2**.
L'aire de $H \setminus A$ est celle de H diminuée de celle de la partie recouverte d'herbe de l'allée :
840 - 40 = **800 m^2**.
N. B. Le diagramme de la figure 16 permet d'obtenir rapidement la plupart de ces résultats.
3° La proportion recouverte en herbe dans l'allée est :

$$\frac{40}{150} \approx 0{,}273 \text{ (27 \%)}$$

Dans le jardin, hors allées, ne se trouve sans herbe que le bassin. La proportion est donc :

$$\frac{100}{900} = \frac{1}{9} \approx 0{,}111 \ (\mathbf{11{,}11\%})$$

③°⑨ On a noté les rendements en nombres de pièces fournies à l'heure par 42 ouvriers :
15, 18, 31, 30, 23, 76, 13, 35, 27, 32, 77, 35, 24, 18, 18, 23, 45, 76, 81, 27, 76, 15, 18, 18, 75, 15, 69, 14, 75, 63, 29, 19, 81, 15, 29, 81, 45, 17, 15, 41, 18, 31

Établir une partition par intervalles numérotés de l'ensemble de ces 42 personnes.

Nombre de pièces	Comptage	Effectif d'ouvriers
de 10 à moins de 20	☒☒☒	15
de 20 à moins de 30	☒L	7
de 30 à moins de 40	☒|	6
de 40 à moins de 50	⊔	3
de 50 à moins de 60		0
de 60 à moins de 70	L	2
de 70 à moins de 80	☒|	6
de 80 à moins de 90	⊔	3
Total		42

Plusieurs partitions sont acceptables. Nous choisissons une partition de 10 en 10, en précisant « de 10 à moins de 20 », « de 20 à moins de 30 »... de façon que la place d'un ouvrier dont le rendement est 20 (ou 30,...) soit claire.

Le système de comptage manuel utilisé ici est pratique. Il évite d'écrire une suite de traits verticaux difficiles à compter : on dessine successivement des morceaux de carrés; le carré barré représente cinq éléments.

La répartition faite, on peut distinguer nettement deux groupes d'ouvriers ; le premier a un rendement faible, de 10 pièces à moins de 50; le deuxième groupe, moins nombreux, dépasse 60 pièces et va jusqu'à 81 pièces à l'heure.

③°①⓪ On a noté les âges des 24 jeunes d'un groupe de loisirs :

9, 10, 9, 8, 7, 10, 11, 10, 8, 7, 10, 8, 10, 11, 9, 12, 7, 8, 8, 11, 10, 9, 7, 8

1° Établir, à partir des nombres entiers qui représentent ces âges, une partition numérotée simple de l'ensemble R de ces 24 jeunes. L'âge est considéré comme un nombre entier (variable discrète). Représenter cette répartition par un diagramme structuré.
2° L'âge est maintenant considéré comme une variable continue. Indiquez pourquoi cela est possible. Représenter cette répartition par un diagramme structuré.

1° On réalise le classement en utilisant le même système de comptage qu'à l'exercice précédent.

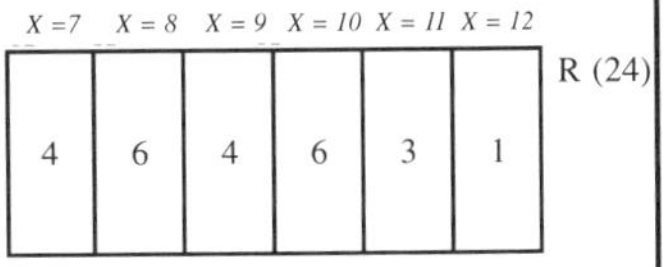

Figure 14

Tableau I : partition numérotée : répartition de 24 jeunes par âges

Age	Comptage	Effectif
7	□	4
8	⧄ |	6
9	□	4
10	⧄ |	6
11	⊔	3
12	|	1
Total		24

On peut aussi faire la représentation de la figure 14 (diagramme structuré), *R* étant l'ensemble des enfants, *X* étant l'âge.

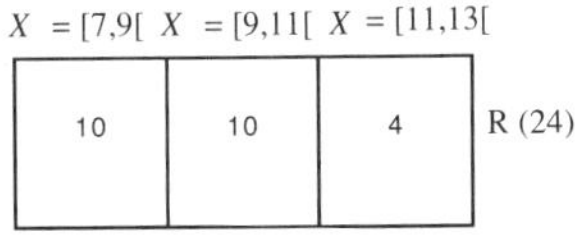

Figure 15

2° L'âge est une variable continue car, si l'on choisit deux personnes, il en existe toujours une qui est née entre leurs deux dates de naissance et qui a un âge compris entre leurs deux âges[1]. Nous choisirons trois classes d'âge ou intervalles, ce qui donne le tableau II (le choix des classes est laissé à la discrétion de celui qui fait l'étude ; les classes doivent être disjointes et leur réunion doit contenir toutes les valeurs possibles de la variable ; elles forment alors une partition numérotée).

Tableau II

Age	Effectif
De 7 à moins de 9 ans	10
De 9 à moins de 11 ans	10
De 11 à moins de 13 ans	4
Total	24

On peut représenter cette partition numérotée par le diagramme structuré de la figure 15, *R* étant l'ensemble des enfants, *X* étant l'âge.

1. L'âge est alors mesuré en années et fractions d'année (jusqu'aux secondes...) alors qu'au 1° il ne l'est qu'en années et est alors considéré comme une variable discrète.

③°①① A la suite d'une enquête, on note les âges et séries de baccalauréat des 22 élèves d'une classe d'IUT :

Amélie	19	A	Laetitia	18	A	Ursula	18	A
Bertrand	20	B	Marc	20	B	Violaine	18	B
Charlotte	18	C	Nadine	17	G	Walter	17	C
Damien	18	C	Oriane	18	G	Xavier	20	D
Éléonore	20	G	Paul	18	B	Yolande	19	D
Fabien	19	D	Quentin	19	B	Zoé	20	B
Gaëlle	20	G	Sébastien	17	G			
Kewin	20	A	Thibaud	17	A			

Représentez les âges et les séries de baccalauréat à l'aide d'un diagramme structuré que vous compléterez.

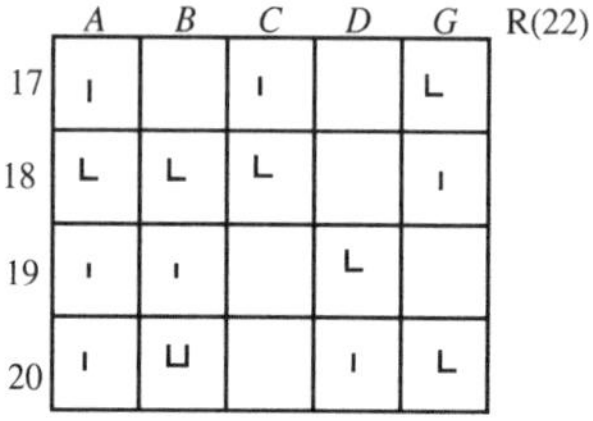

Figure 16

Pour réaliser ce diagramme, il faut en préparer un « au brouillon » pour le comptage, c'est celui de la figure 16.

On désigne par R le référentiel : l'ensemble des élèves de la classe, et on nomme les ensembles de séries de baccalauréat par leur lettre, et les ensembles de personnes selon les âges par le chiffre de cet âge.

	A	*B*	*C*	*D*	*G*	R(22)
17	1	0	1	0	2	4
18	2	2	2	0	1	7
19	1	1	0	2	0	4
20	1	3	0	1	2	7
	5	6	3	3	5	

Figure 17

On peut ainsi compléter le diagramme définitif de la figure 17. Il faut indiquer en marge les sommes (que l'on appelle les distributions *marginales)* : répartitions des élèves par sections de baccalauréat et répartition des élèves par âges, X étant l'âge.

4. INTRODUCTION À LA LOGIQUE MATHÉMATIQUE

Rappels

1. Définitions

Propositions

Une proposition est une phrase qui peut représenter un événement, un théorème mathématique ou une affirmation au passé, au présent ou au futur.

Des propositions sont *compatibles* si elles peuvent se réaliser en même temps.

Représentation par un diagramme de Venn

On désigne par Ω l'ensemble des possibilités ou éventualités ou **univers des possibles**. Parmi ces éventualités, certaines vérifient la proposition p et d'autres non. On représente la proposition par un contour fermé contenant les éventualités où elle est réalisée.
On note «$\neg\, p$» (non p) la négation de p.

Logique mathématique

La logique mathématique est l'étude des propositions. On part d'une ou plusieurs *propositions premières* qui peuvent être des *axiomes* (propositions non démontrables), des définitions ou des hypothèses, et on en *déduit*, à l'aide d'opérations logiques, une proposition nouvelle.

2. *Algèbre des propositions*

On définit une *algèbre* sur un ensemble lorsqu'on y introduit des opérations (des lois de compositions internes qui, à un ou plusieurs éléments de l'ensemble fait correspondre un nouvel élément de l'ensemble). Nous allons construire une algèbre sur l'ensemble des propositions.

Soit les propositions suivantes :

p : je suis allé à Los Angeles,

q : je suis allé à San Francisco.

Voici cinq opérations sur ces propositions :

NOM	Symbole	Signification	Diagramme de Venn	Traduction en français
Disjonction	$p \vee q$	p et/ou q	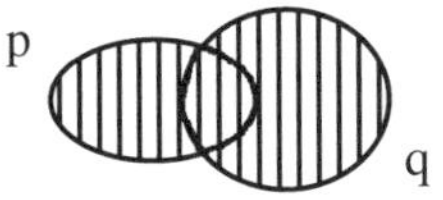	Je suis allé à Los Angeles ou à San Francisco ou aux deux endroits.
Conjonction	$p \wedge q$	p et q	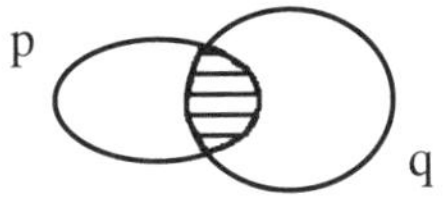	Je suis allé à Los Angeles et aussi à San Francisco.
Implication	$p \Rightarrow q$	Si *p* alors q	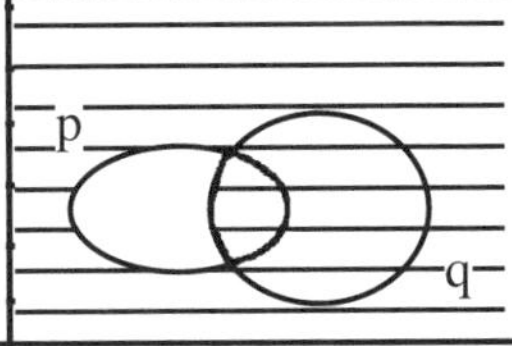	Si je suis allé à Los Angeles, je suis allé *aussi* à San Francisco ; je peux n'être pas allé à Los Angeles.
Equivalence	$p \Leftrightarrow q$	p est équivalente à q	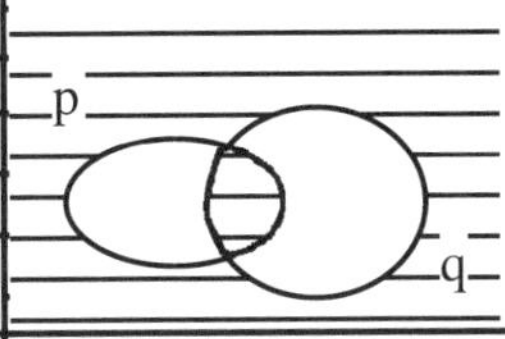	Je suis allé à Los Angeles *si et seulement si* je suis allé à San Francisco.
Non Equivalence	$p \not\Leftrightarrow q$	p n'est pas équivalente à q	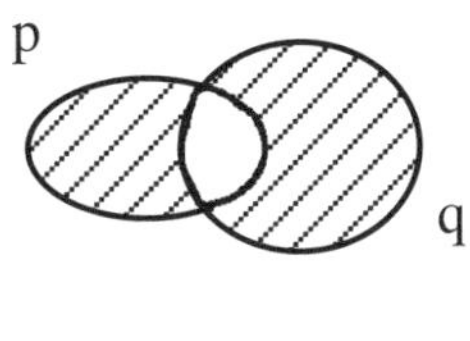	*Ou bien* je suis allé à Los Angeles, *ou bien* je suis allé à San Francisco (mais pas aux deux).

EXERCICES

④°① Pierrot entre dans un café. Soit les propositions a : « Il prend une boisson alcoolisée », c : « Il prend une boisson chaude » et g : « Il prend un grog ».
1° Représentez cette situation par un diagramme de Venn.
2° Quelles sont, parmi les 8 éventualités ainsi représentées, celles qui sont irréalisables ?
3° Traduire en français les propositions suivantes et dire celles qui sont vraies quelle que soit la commande de Pierrot ?
x_1 : «$g \Rightarrow a$» ; x_2 : «$\neg g \Rightarrow \neg c$» ; x_3 : «$g \Rightarrow (a \wedge c)$» ; x_4 : «$\neg c \Rightarrow \neg g$»
x_5 : «$\neg c \Rightarrow \neg a$» ; x_6 : «$g \Rightarrow (a \vee c)$» ; x_7 : «$g \Rightarrow c$ ».

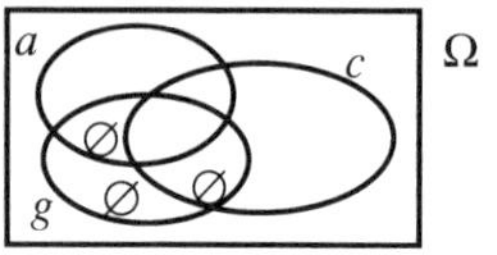

Figure 1

1° Le diagramme est celui de la figure 1. C'est un diagramme de Venn direct d'ordre 3. On aurait pu également utiliser un diagramme structuré. Il met en évidence 8 propositions élémentaires.

2° Si Pierrot prend un grog, c'est une boisson alcoolisée et chaude : on ne peut avoir ni « $a \wedge g \wedge (\neg c)$ », ni « $c \wedge g \wedge (\neg a)$ », ni « $g \wedge (\neg a) \wedge (\neg c)$».
Il y a trois propositions élémentaires irréalisables et cinq qui restent possibles.

3° *Remarque préliminaire* : « $p \Rightarrow q$ » est équivalent à « $\neg p \vee q$ ». La proposition contraire de « $p \wedge q$ » est « $\neg p \vee \neg q$ ». La proposition contraire de « $p \Rightarrow q$ » est « $p \wedge \neg q$ ».
x_1 : s'il prend un grog, il prend une boisson alcoolisée : *vrai*.
Écriture formalisée : « $g \Rightarrow a$ » = « $\neg g \vee a$ » = v.
x_2 : s'il ne prend pas de grog, il ne prend pas de boisson chaude : *faux*. Il peut prendre une boisson chaude qui ne soit pas un grog.
Écriture formalisée :

$$« \neg g \Rightarrow \neg c » = « g \vee (\neg c)» \neq v.$$

x_3 : s'il prend un grog, il prend une boisson chaude alcoolisée : *vrai*.
Écriture formalisée :

$$« g \Rightarrow (a \wedge c) » = « \neg g \vee (a \wedge c) » = v.$$

x_4 : s'il ne prend pas de boisson chaude, il ne prend pas de grog : *vrai*.
Écriture formalisée :

$$« \neg c \Rightarrow \neg g » = « c \vee (\neg g) » = v.$$

x_5 : s'il ne prend pas de boisson chaude, il ne prend pas de boisson alcoolisée : *faux*. Il peut prendre une boisson alcoolisée froide.
Écriture formalisée :
« $\neg c \Rightarrow \neg a$ » = « $c \vee (\neg a)$ » $\neq v$, car, sur la figure 2, Ω n'est pas entièrement hachuré.

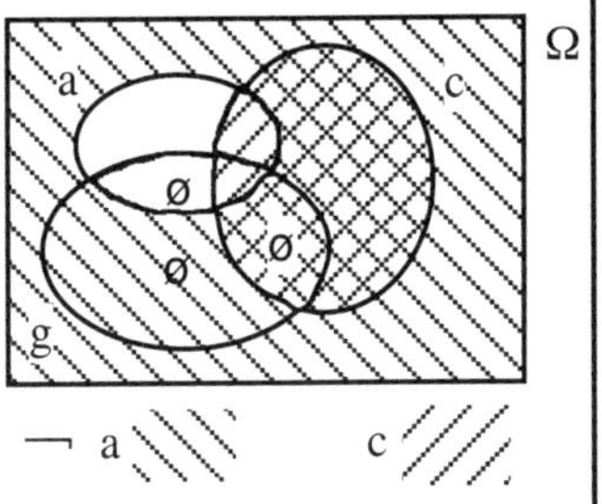

Figure 2

x_6 : s'il prend un grog, il prend une boisson chaude ou alcoolisée : *vrai*, puisque le grog est chaud et alcoolisé.
Ecriture formalisée :
« $g \Rightarrow (a \vee c)$ » = « $(\neg g) \vee (a \vee c)$ » = v.

x_7 : s'il prend un grog, il prend une boisson chaude : *vrai*.
Écriture formalisée :
« $g \Rightarrow c$ » = « $(\neg g) \vee c$ » = v.

④°② Déterminer les propositions vraies parmi les suivantes :
x_1 : *Si la Terre est plate, la Lune est un fromage.*
x_2 : *Il est équivalent de dire que la Terre est plate ou que la Lune est un fromage.*
x_3 : *Il est faux de dire que La Terre est plate et que la Lune est un fromage.*
x_4 : *Si la Lune n'est pas un fromage, la Terre est plate ».*

Désignons par v une proposition vraie et par f une proposition fausse. Cela nous permettra de formaliser les résultats.

x_1 est vraie, car la Terre n'est pas plate. Il n'y a aucun inconvénient à dire que, si elle l'était, la Lune serait autre chose que ce qu'elle est !
Écriture formalisée : $f \Rightarrow f$, ce qui est vrai.

x_2 est vraie, car aucune des deux propositions déclarées équivalentes n'est vraie.
Écriture formalisée : $f \Leftrightarrow f$, ce qui est vrai.

x_3 est vraie : les deux propositions sont bien fausses.
Écriture formalisée : $\neg(f \wedge f) = v$.

x_4 est fausse puisque la Lune n'est pas un fromage et que, pourtant, la Terre n'est pas plate.
Écriture formalisée : $(v \Rightarrow f) = f$.

④°③ On définit les propositions suivantes :

p : Jean mange des caramels,
q : Jean a mal aux dents,
r : Jean va chez le dentiste,
s : C'est le printemps,
t : J'éternue,
u : Je prends un médicament contre le rhume des foins.

Tracer dix flèches de correspondance entre les expressions de gauche (langage symbolique) et celles de droite (langue française) :

$t \Leftrightarrow (s \wedge \neg u)$	Il est faux de dire que j'éternue si c'est le printemps.
$\neg r \wedge \neg u$	Quand Jean mange des caramels, il a mal aux dents et va chez le dentiste.
$p \wedge q \wedge r$	Jean mange des caramels, a mal aux dents et va chez le dentiste.
$s \wedge t \wedge u$	J'éternue si et seulement si c'est le printemps et que je ne prends pas de médicament contre le rhume des foins.
$q \Leftrightarrow p$	De deux choses l'une, ou bien c'est le printemps et Jean mange des caramels, ou bien c'est une autre saison et il n'en mange pas.
$(s \Rightarrow q) \Rightarrow (s \Rightarrow r)$	Jean ne va pas chez le dentiste et je ne prends pas de médicament contre le rhume des foins.
$p \Rightarrow (q \wedge r)$	C'est le printemps, je prends un médicament contre le rhume des foins, et j'éternue…
$s \Rightarrow \neg p$	Jean a mal aux dents si et seulement si il mange des caramels.
$s \Leftrightarrow p$	Si, quand c'est le printemps, Jean a mal aux dents, alors, quand c'est le printemps, il va chez le dentiste.
$\neg(s \Rightarrow t)$	Au printemps, Jean ne mange pas de caramels.

▼ *Il faut regarder attentivement la signification de chaque proposition et des conjonctions, disjonctions et implications.*

$t \Leftrightarrow (s \wedge \neg u)$	Il est faux de dire que j'éternue si c'est le printemps.
$\neg r \wedge \neg u$	Quand Jean mange des caramels, ila mal aux dents et va chez le dentiste.
$p \wedge q \wedge r$	Jean mange des caramels, a mal aux dents et va chez le dentiste.
$s \wedge t \wedge u$	J'éternue si et seulement si c'est le printemps et que je ne prends pas de médicament contre le rhume des foins.
$q \Leftrightarrow p$	De deux choses l'une, ou bien c'est le printemps et Jean mange des caramels, ou bien c'est une autre saison et il n'en mange pas.
$(s \Rightarrow q) \Rightarrow (s \Rightarrow r)$	Jean ne va pas chez le dentiste et je ne prends pas de médicament contre le rhume des foins.
$p \Rightarrow (q \wedge r)$	C'est le printemps, je prends un médicament contre le rhume des foins, et j'éternue...
$s \Rightarrow \neg p$	Jean a mal aux dents si et seulement si il mange des caramels.
$s \Leftrightarrow p$	Si, quand c'est le printemps Jean a mal aux dents, alors, quand c'est le printemps, il va chez le dentiste.
$\neg(s \Rightarrow t)$	Au printemps, Jean ne mange pas de caramels.

④°④ p et q étant deux propositions quelconques, écrire les propositions contraires des propositions suivantes (les représenter sur un diagramme de Venn en cas de difficulté) :
x_1 : « $p \vee q$ » ; x_2 : « $\neg(\neg p \Rightarrow q)$ » ; x_3 : « $\neg q \Rightarrow \neg p$ » ; x_4 : « $\neg p$ » ; x_5 : « $p \vee \neg q$ » ; x_6 : « $p \Rightarrow (q \wedge p)$ » ; x_7 : « $p \Leftrightarrow q$ » ; x_8 : « $\neg p \wedge \neg q$ »

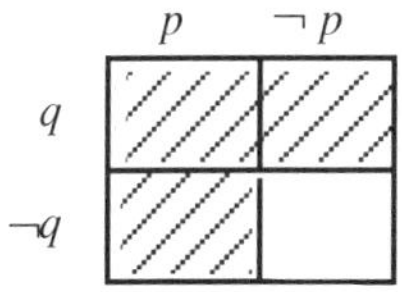

Figure 3

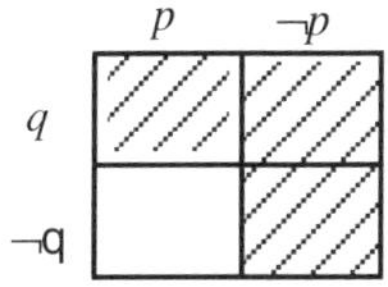

Figure 4

Remarque préliminaire :
« $p \Rightarrow q$ » est équivalent à « $\neg p \vee q$ ». La proposition contraire de « $p \wedge q$ » est « $\neg p \vee \neg q$ ». La proposition contraire de « $p \Rightarrow q$ » est « $p \wedge \neg q$ ».
x_1 : le contraire est « $\neg p \wedge \neg q$ » (figure 3, le contraire est la partie non hachurée).
x_2 : le contraire est « $\neg p \Rightarrow q$ ».
x_3 : « $\neg q \Rightarrow \neg p$ » est équivalent à « $q \vee \neg p$ ».
Le contraire (figure 4) est : « $p \wedge \neg q$ ».
x_4 : le contraire est « p ».
x_5 : le contraire est « $q \wedge \neg p$ » (cf. x_3).

x_6 : « $p \Rightarrow (q \wedge p)$ » est équivalent à « $p \Rightarrow q$ », car si p est réalisé, q l'est et l'on a bien « $q \wedge p$ ».
« $p \Rightarrow q$ » est équivalent à « $\neg p \vee q$ ». La proposition contraire est « $p \wedge \neg q$ » (cf. x_3).

Autre méthode : « $p \Rightarrow (q \wedge p)$ » est équivalent à « $\neg p \vee (q \wedge p)$» = « $\neg p \vee q$ ». La proposition contraire est : « $p \wedge \neg q$ ».

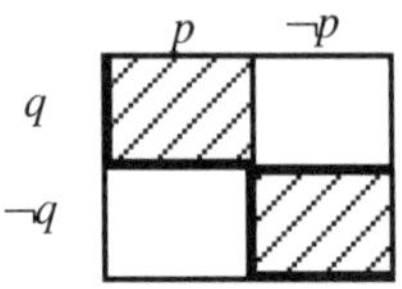

Figure 5

x_7 : « $p \Leftrightarrow q$ » est équivalent à « $(p \wedge q) \vee (\neg p \wedge \neg q)$ » ou à « $\neg p \Leftrightarrow \neg q$ », voir figure 5. La proposition contraire est « $(\neg p \wedge q) \vee (p \wedge \neg q)$ » que l'on peut écrire « $p \not\Leftrightarrow q$ » ou « $p \Leftrightarrow \neg q$ »/ou « $\neg p \Leftrightarrow q$ ».

x_8 : le contraire est « $p \vee q$ ».

④°⑤ Nous voici à Memphis. D'une terrasse élevée, nous contemplons les splendeurs du Mississippi, en nous laissant charmer par un trio de jazz classique. Il y a Big Billy, Little Tony et Black Daddy. Il y a aussi une trompette, une batterie et un piano. Big Billy ne joue pas de batterie, le pianiste n'est pas Big Billy, ni le batteur Little Tony. Qui joue du piano ?

	Trompette	Batterie	Piano
Big Billy	*v*	*f*	*f*
Little Tony		*f*	*v*
Black Daddy		*v*	

Figure 6

On peut dessiner le diagramme structuré de la figure 6 sur lequel, en choisissant un homme au hasard : « Trompette » est la proposition « joue de la trompette »... et « Big Billy » signifie peut-être « Cet homme est Big Billy »... On indique *v* : vrai et *f* : faux. On note au fur et à mesure les résultats de l'énoncé qui se traduisent par trois *f*. Il doit y avoir un *v* dans chaque ligne et dans chaque colonne.

Il ne reste qu'une possibilité, indiquée par les *v* : Big Billy joue de la trompette puisqu'il ne joue pas de batterie ni de piano. Black Daddy est le seul à pouvoir être batteur, donc **le piano reste à Little Tony.**

④°⑥ Fatigués, Melchior, Gaspard et Balthazar s'arrêtèrent un moment avant d'aller voir l'Enfant Jésus. Ils discutèrent de l'ordre d'arrivée à la crèche. Melchior : « Si je suis dernier, Gaspard ne sera pas le premier, et si je suis premier, Gaspard ne sera pas dernier. » Balthazar : « Si je suis dernier, Melchior n'arrivera pas après Gaspard, et si je suis premier, Melchior n'arrivera pas avant Gaspard. » Gaspard : « Si je ne suis ni premier ni dernier, Melchior n'arrivera pas avant Balthazar. » Trouver une façon d'entrer dans la crèche qui respecte à la fois les souhaits de chacun des trois Rois mages.

Désignons les Rois mages par leurs initiales et écrivons les ordres d'arrivée possibles (deux ordres peuvent être déduits d'un premier par permutation circulaire).

1 : B G M
2 : G M B
3 : M B G
4 : B M G
5 : M G B
6 : G B M

On trouve 6 ordres possibles (cf. chapitre 7 : nous verrons en effet qu'il y a : 3 ! = 6 permutations possibles de 6 objets). Les affirmations de Melchior éliminent les ordres 6 et 3; celles de Balthazar, les ordres 2 et 4; celles de Gaspard, l'ordre 5. Il ne reste que le premier : B G M; **Balthazar, Gaspard et Melchior entreront donc dans cet ordre à la crèche** (c'est d'ailleurs l'ordre alphabétique).

④°⑦ Le 25 décembre, le 1er janvier et le 14 juillet suivants, le président de la République a été l'objet de trois attentats successifs auxquels il a échappé. L'un d'eux est le fait des autonomistes corses, un autre est dû aux Bretons, un autre enfin aux Basques. Mais la police ne sait pas à quel mouvement attribuer chacun de ces trois attentats. Un agitateur international interrogé sur cette affaire fait la déclaration suivante :
« L'attentat de Noël est le fait des Basques, mais pas celui du 1er janvier. Quant à celui du 14 juillet, il n'est pas dû aux Bretons. » Sachant qu'en parlant ainsi l'agitateur a donné un renseignement exact et deux faux, pourriez-vous aider la police à définir l'origine de chacun de ces trois attentats ?

	a	*b*	*c*	
A	*v*	*v*	*f*	deux vraies
B	*f*	*v*	*f*	contradiction
C	*f*	*f*	*v*	possible

Figure 7

L'agitateur a émis trois affirmations :
a) L'attentat de Noël est dû aux Basques.
b) L'attentat du 1er janvier n'est pas dû aux Basques.
c) L'attentat du 14 juillet n'est pas dû aux Bretons.
Sur le diagramme de la figure 7, on a désigné les faits par *A*, *B* et *C* et les propos de l'agitateur par *a*, *b* et *c* (*A* = « *a* est vraie »), etc.
Deux des affirmations sont fausses et une est exacte. Cherchons laquelle peut être exacte.
Si *a est vraie*, *b* l'est aussi; il y a donc deux affirmations exactes, ce qui est impossible.
Si *b est vraie*, ni *a* ni *c* ne devraient l'être. Donc l'attentat du 14 juillet serait dû aux Bretons, mais alors *a* serait vraie, car si l'attentat du 1er janvier n'est pas dû aux Basques, il est dû aux Corses, et il ne resterait que le 25 décembre pour les Basques.
Si c *est vraie*, *a* et *b* étant fausses, **l'attentat du 1er janvier est le fait des Basques, celui du**

25 décembre le fait des Bretons, et celui du 14 juillet le fait des Corses.
Seule cette solution est possible.

④°⑧ Nous vous présentons trois majors de l'armée suédoise au siècle dernier. Il s'agit du major Scheffer, du major Evert, et du major Ströman ; voici les prénoms que vous aurez à leur attribuer : Carl-Axel, Ivar-Ulrich et Berndt-Gustav. Mais attention, si Ivar-Ulrich s'appelle Evert, le major Scheffer est prénommé Carl-Axel. D'autre part, si Berndt-Gustav s'appelle Scheffer, ou si Carl-Axel s'appelle Ströman, le major Evert s'appelle Ivar-Ulrich. Ajoutons que Carl-Axel ne s'appelle pas Scheffer. Quel est donc le prénom du major Ströman ?

Prenons l'un des trois hommes au hasard et désignons les événements :
C : il s'appelle Carl-Axel,
I : il s'appelle Ivar-Ulrich,
B : il s'appelle Berndt-Gustav,
S : il s'appelle Scheffer,
E : il s'appelle Evert,
T : il s'appelle Ströman.

Essayons toutes les possibilités.
L'énoncé précise que Carl-Axel ne s'appelle pas Scheffer, et donc que « *C* et *S* » est faux.
Si Ivar-Ulrich s'appelle Evert, alors Carl-Axel s'appelle Scheffer : or il nous est dit que c'est faux. « *I* et *E* » est faux.
Si Berndt-Gustav est un Scheffer ou si Carl-Axel s'appelle Ströman alors on a Ivar-Ulrich Evert, mais on vient de voir que ce n'est pas possible. Les assemblages « *B* et *S* »et « *C* et *T* » sont faux.

	E	*S*	*T*
B		*f*	*v*
C	*v*	*f*	*f*
I	*f*	*v*	

Figure 8

Dans le diagramme de la figure 8, il doit rester un « *v* » (vrai) par ligne et par colonne.
Il ne reste en deuxième ligne du diagramme, que « *C* et *E* » et en troisième ligne « *I* et *S* », et par conséquent « *B* et *T* » dans la ligne et la colonne restantes. Les flèches de la figure 9 montrent les déductions que présente le texte.

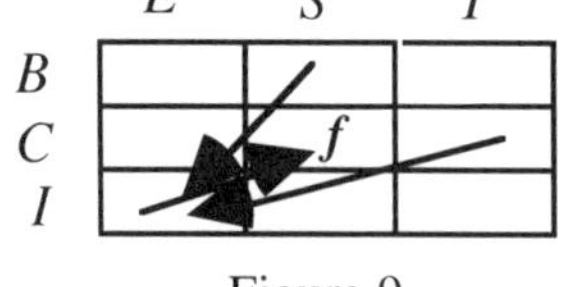

Figure 9

Donc le major Ströman se prénome Berndt-Gustav.

④°⑨ Line, Brigitte, Yvette et Geneviève visitent Rome. L'une de ces jeunes filles porte un blue-jeans, une autre un tailleur beige, une autre encore une robe à fleurs, la dernière est en survêtement rose fluo. La jeune fille en tailleur dit : « Ma meilleure amie, c'est Line ; je dois avouer par contre que j'ai du mal à supporter Geneviève.» La jeune fille en robe à fleurs dit : « Je n'aime pas Line. Ma meilleure amie est Yvette.» Puis Geneviève dit : « J'aime bien Line et je ne suis pas dans la même chambre que celle qui est en jeans .»
Comment chacune de ces jeunes filles est-elle habillée ?

	L	B	Y	G
J	*v*			*f*
T	*f*		*v*	*f*
R	*f*	*v*	*f*	*f*
S				*v*

Figure 10

On peut noter les résultats sur le diagramme de la figure 10 en prenant au hasard l'une des jeunes filles et où *L, B, Y*, et *G* désignent les propositions « La jeune fille est Line ; Brigitte, Yvette, Geneviève » et *J, T, R* et S les propositions :« Elle porte des jeans J, un tailleur T, une robe R, un survêtement S ». « *v* » signifie « vrai » et « *f* », « faux ». Il doit y avoir exactement un *v* par ligne et par colonne. Les hypothèses sont inscrites en gras.

La première parole implique que Line n'est pas en tailleur et Geneviève non plus. La deuxième implique que ni Line ni Yvette ne sont en robe. La troisième implique que Geneviève n'est pas en jeans ; elle n'est pas non plus en robe, puisqu'elle aime bien Line et que la jeune fille en robe ne l'aime pas ; elle n'est pas en tailleur non plus puisque « la jeune fille en tailleur » parle d'elle.

Il ne reste qu'une solution : **Geneviève est en survêtement ; alors Brigitte est en robe. Line ne peut être qu'en jeans et Yvette en tailleur**.

④°①⓪ On donne des propositions vraies :
p : Pierre est menteur,
q : Seules les créatures douées de la parole peuvent mentir,
r : Les êtres humains sont les seules créatures douées de la parole.
Quelles propositions peuvent être déduites de celles-ci parmi les suivantes :
s : Tous les êtres humains sont menteurs,
t : Pierre est un être humain,
u : Seuls les êtres humains peuvent mentir,
v : Les êtres humains peuvent mentir,
w : Les créatures qui ne peuvent parler ne peuvent mentir,
x : Pierre est le seul menteur au monde,
y : Aucun être humain n'est menteur,
z : Pierre peut parler.

Indiquez comment parvenir aux propositions exactes, pourquoi les autres propositions sont fausses ou pourquoi on ne peut conclure.

> s est fausse : d'après q et r, les êtres humains peuvent mentir, mais cela ne signifie pas que tous mentent.
> t est vraie : « $r \wedge q \wedge p \Rightarrow$ t ».
> u : « $r \wedge q \Rightarrow u$ » : vraie.
> v est vraie : « $r \wedge q \Rightarrow v$ ».
> w est vraie : « $q \Leftrightarrow w$ ».
> x : on ne peut conclure ! Il y a sûrement un menteur au moins, Pierre ; les autres peuvent mentir, mais on ne peut affirmer qu'ils le font à partir des propositions p, q et r !
> y est fausse puisque p est vraie : il y a au moins un être humain qui est menteur.
> z : vraie : « $q \wedge p \Rightarrow z$ ».

④°①① Voici deux propositions :
p : Pierre a été désagréable avec moi hier,
q : Pierre est un homme avec qui personne ne peut s'entendre.
1° A-t-on $p \Rightarrow q$? Indiquez pourquoi.
2° Donnez des exemples de « généralisations hâtives » analogues à $p \Rightarrow q$.

> 1° On n'a pas « $p \Rightarrow q$ ». Ce n'est pas parce que Pierre a été désagréable une fois qu'il l'est toujours ! (Hypothèse possible parmi d'autres : c'est avec moi que personne ne peut s'entendre ! Autre hypothèse : Pierre a eu hier un ennui grave... Et bien d'autres hypothèses !!)
>
> 2° Il ne suffit pas que Pierre ait été désagréable une fois pour qu'il le soit toujours ! Nous généralisons souvent : lorsqu'on voit une personne faire quelque chose de répréhensible, on en déduit que c'est son comportement usuel.
> - Je rencontre une personne qui se montre peu polie : je la classe immédiatement et définitivement parmi les personnes mal élevées.
> - Je rencontre un étranger malhonnête : j'en conclus que toutes les personnes de sa nationalité sont malhonnêtes (l'Anglais dit que toutes les Françaises sont rousses, (cf. exercice **4-13**).

④°①② Mon amie a trois filles Alice, Bernadette et Claudine. J'ignore la couleur de leurs cheveux. Soient les propositions :
a : Alice est blonde,
b : Bernadette est blonde,
c : Claudine est blonde.
1° Que signifie $p = a \wedge b \wedge c$? Exprimez son contraire en vous aidant de la loi de De Morgan.
2° Que signifie $q = a \vee b \vee c$? Exprimez son contraire en vous aidant de la loi de De Morgan.
3°Déduisez-en qu'une proposition qui s'exprime avec « quel que soit » a pour contraire une proposition qui s'exprime par « il existe ».

1° p signifie que les trois filles sont toutes trois blondes (quelle que soit la fille de mon amie, elle est blonde). D'après la loi de de Morgan :

$$\neg p = \bar{a} \vee \bar{b} \vee \bar{c}$$

La proposition contraire de p est qu'une au moins des trois filles n'est pas blonde (il existe au moins une fille qui n'est pas blonde).

2° q signifie que l'une au moins des trois filles est blonde (il existe au moins une fille blonde). Son contraire est :

$$\neg q = \bar{a} \wedge \bar{b} \wedge \bar{c}$$

Aucune des filles n'est blonde (quelle que soit la fille, elle n'est pas blonde).

3° p est une proposition que l'on peut exprimer par « quelle que soit… » ; son contraire s'exprime par « il existe... ». q est une proposition qui commence par « il existe » et son contraire s'exprime par « quelle que soit... ».

④°①③ Un Anglais débarque à Calais. Il voit une Française ; elle est rousse.
1° Il écrit dans son journal : Les Françaises sont rousses. Son raisonnement est-il exact ?
2° Quelle est, parmi les propositions suivantes, celle qui se déduit de ce qu'a vu l'Anglais :
p : Toutes les Françaises sont rousses,
q : Il existe au moins une Française rousse,
r : Aucune Française n'est rousse,
s : Des Françaises sont rousses.
Indiquez pourquoi il ne faut pas retenir les autres propositions.
3° Quelle est la proposition contraire de *q ?* de *s ?* de *p ?*

1° Son raisonnement est faux. Il confond « Il existe une Française rousse » avec « Toutes les Françaises sont rousses ». En fait, n'ayant vu qu'une Française, il ne peut généraliser.
2° La proposition q traduit ce qu'a vu l'Anglais. p ne peut s'en déduire (cf. 1°) ; r non plus, puisqu'il existe au moins une Française rousse ; s est possible, mais on ne peut déduire de q seule qu'il existe même une seule autre Française rousse.
3° Les propositions contraires sont :
$\neg q$: aucune Française n'est rousse ($\neg q = r$).
$\neg s$: il n'y a pas plus d'une Française rousse.
La proposition p a pour contraire la proposition $\neg p$: « Il existe au moins une Française qui n'est pas rousse » ; il suffit d'une Française non rousse pour que p soit fausse.

5. INTRODUCTION AU CALCUL DES PROBABILITÉS

Rappels

1. Éventualités, événements

Lorsqu'on envisage l'avenir, il peut se présenter plusieurs possibilités ou **éventualités**. Un **événement** est formé d'une ou plusieurs éventualités. On désigne par Ω l'ensemble des éventualités ou « univers des possibles » et on le représente par un diagramme direct ou structuré (cf. chapitre 4) dans lequel chaque partie connexe correspond à une éventualité.

L'événement contraire de A est $\overline{A}$, complémentaire de A dans Ω.

2. Définition de la probabilité, axiomes fondamentaux

Un **axiome** est une proposition non démontrable.

Les trois axiomes suivants définissent la *probabilité d'un événement.*

On fait correspondre à chaque partie de Ω un nombre compris entre 0 et 1, appelé probabilité de cet événement, tel que :

1. Pr {Ø} = 0 : la probabilité d'un événement impossible est nulle.

2. Pr {Ω} = 1 : la probabilité d'un événement certain est égale à 1.

3. *A* et *B* étant deux événements de Ω :

$$\Pr\{A \text{ ou } B\} = \Pr\{A\} + \Pr\{B\} - \Pr\{A \text{ et } B\}.$$

On peut s'aider du diagramme de la figure 1, où l'on a noté :
Pr $\{A\} = a$, Pr $\{B\} = b$, Pr $\{A$ et $B\} = c$.
Pr $\{A$ ou $B\} = a - c + c + b - c = a + b - c$
La probabilité est une application de l'ensemble des parties de Ω dans [0,1]. C'est une mesure sur Ω.

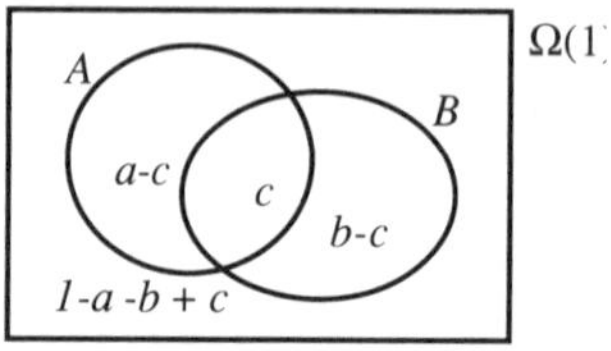

Figure 1

3. *Événements incompatibles*

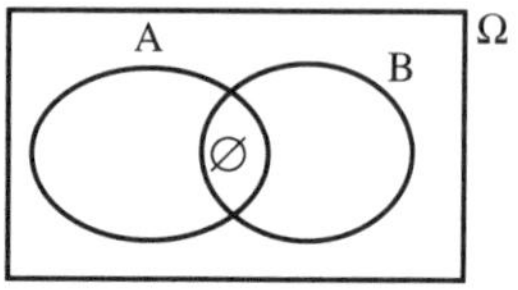

Figure 2

Deux événements A et B (figure 2) qui ne peuvent pas se produire en même temps sont **incompatibles**. Des événements qui ne sont pas incompatibles sont **compatibles**.
Les probabilités d'événements incompatibles s'additionnent.

Ainsi : Pr $\{\overline{A}\} = 1 -$ Pr $\{A\})$

Lorsque l'univers des possibles Ω est formé de n éventualités **équiprobables** (qui ont toutes la **même probabilité** de se produire) et incompatibles, la probabilité de chacun de ces événements est $\frac{1}{n}$. Tout événement A est alors formé d'une ou plusieurs éventualités équiprobables et on peut utiliser la *formule historique* du calcul des probabilités.

$$\text{Pr } \{\overline{A}\} = \frac{\textbf{Nombre de cas favorables à} A}{\textbf{Nombre de cas possibles}}$$

Exemple : Si Ω est formé de 5 éventualités équiprobables et incompatibles A_1, A_2, A_3, A_4, A_5, et si A est la réunion des événements A_1, A_3 et A_5 (ombré sur la figure 3) :

$$\text{Pr } \{A\} = \frac{3}{5}.$$

A_1	A_2	A_3	A_4	A_5	$\Omega(1)$
$\frac{1}{5}$	$\frac{1}{5}$	$\frac{1}{5}$	$\frac{1}{5}$	$\frac{1}{5}$	

Figure 3

4. *Dépendance, indépendance. probabilités conditionnelles*

Cas des événements totalement dépendants

Les événements A et B (figure 4) sont *totalement dépendants* si A implique B *ou si* B *implique* A : si l'événement A se produit, l'événement B se produit aussi. Cela signifie que la probabilité de B, lorsque A est réalisé, est égale à 1 (certitude). On note :

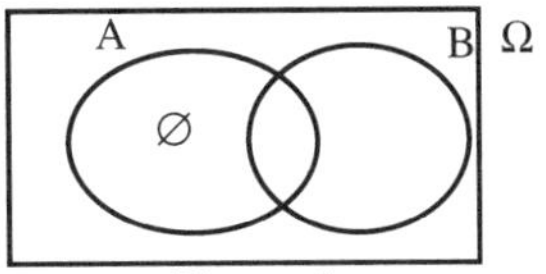

Figure 4

$$\Pr\{B \mid A\} = 1 \qquad \text{ou parfois : } P_A(B) = 1$$

On lit « probabilité de B sachant que A ». C'est une probabilité **conditionnelle** (de B sous condition que A soit réalisé).

Cas des événements dépendants

Les événements A et B sont **dépendants** lorsque la probabilité de B change selon que A s'est réalisé ou non :

$$\boxed{\Pr\{B\} \neq \Pr\{B \mid A\} \neq \Pr\{B \mid \overline{A}\}}$$

Les probabilités *conditionnelles* de B, selon que A est réalisé ou non, ne sont pas égales à la probabilité de B et ne sont pas égales entre elles.

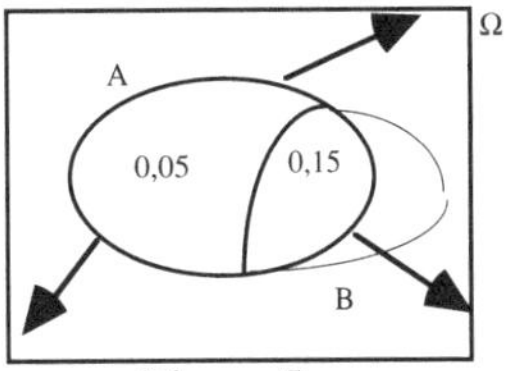

Figure 5

Voici la définition d'une probabilité conditionnelle :

$$\boxed{\mathbf{Pr}\ \{B \mid A = \frac{\mathbf{Pr}\ \{A \text{ et } B\}}{\mathbf{Pr}\{A\}}}$$

Les probabilités des événements qui forment A se trouvent augmentées, en étant multipliées par $\frac{1}{\Pr\{A\}}$ (figures 5 et 6).

Car : $\dfrac{0{,}15}{0{,}15 + 0{,}05} = 0{,}75$

et : $\dfrac{0{,}05}{0{,}15 + 0{,}05} = 0{,}25.$

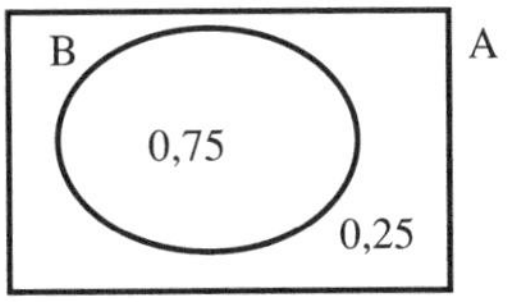

Figure 6

On en déduit la formule dite des probabilités composées :

$$\mathbf{Pr\,\{A \text{ et } B\} = Pr\{A\}\,.\,Pr\,\{B\,|\,A\}}$$

Cas des événements indépendants

Des événements A et B sont *indépendants* lorsque :

$\Pr\{B\} = \Pr\{B\,|\,\overline{A}\} = \Pr\{B\,|A\}$

A et B sont indépendants si et seulement si : $\Pr\{A \text{ et } B\} = \Pr\{A\} \times \Pr\{B\}$

On retrouve (figure 7) un diagramme analogue à celui de la figure 1, mais dans le cas d'événements indépendants : $c = ab$.

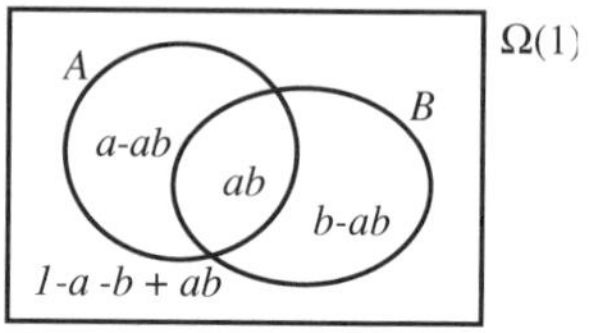

Figure 7

5. *Généralisation de la formule des probabilités composées. Théorème de Bayes*

Si l'événement Ω est la réunion de plusieurs événements incompatibles (figure 8 ci-dessous), par exemple, A_1, A_2, et A_3 :

$$\Pr\{\Omega\} = \Pr\{A_1\} + \Pr\{A_2\} + \Pr\{A_3\},$$

et, si B est un autre événement, on a :

Formule des probabilités composées

$$\Pr\{B\} = \Pr\{A_1 \text{et } B\} + \Pr\{A_2 \text{ et } B\} + \Pr\{A_3 \text{ et } B\}$$

$$\Pr\{A_1\} \times \Pr\{B\,|A_1\} + \Pr\{A_2\} \times \Pr\{B\,|\,A_2\} + \Pr\{A_3\} \times \Pr\{B\,|\,A_3\}$$

	A_1	A_2	A_3	
B	$\Pr\{A_1\} \times \Pr\{B\,|A_1\}$	$\Pr\{A_2\} \times \Pr\{B\,|\,A_2\}$	$\Pr\{A_3\} \times \Pr\{B\,|\,A_3\}$	$\Pr\{B\}$
$\overline{B}$	$\Pr\{A_1\} \times \Pr\{\overline{B}\,|A_1\}$	$\Pr\{A_2\} \times \Pr\{\overline{B}\,|\,A_2\}$	$\Pr\{A_3\} \times \Pr\{\overline{B}\,|\,A_3\}$	$\Pr\{\overline{B}\}$

Figure 8

Théorème de Bayes

Lorsqu'on possède une information qui permet de restreindre l'univers des possibles à l'un de ses sous-ensembles, B :

$$\Pr\{A_1|B\} = \frac{\Pr\{B \text{ et } A_1\}}{\Pr\{B\}}$$

$$= \frac{\Pr\{A_1\}.\Pr\{B\,|A_1\}}{\Pr\{A_1\}.\Pr\{B\,|A_1\} + \Pr\{A_2\}.\Pr\{B\,|A_2\} + \Pr\{A_3\}.\Pr\{B\,|A_3\}}$$

Ces formules sont généralisables à un nombre quelconque d'événements, formant une partition de Ω. C'est le théorème de Bayes qui sert en particulier à déterminer la probabilité d'une cause A_i lorsque la conséquence B est réalisée.

EXERCICES

⑤°① Dans une classe il y a 30 élèves blonds ou bruns, deux fois plus de garçons que de filles, 3 filles blondes et 22 élèves bruns. Le professeur envoie un élève au hasard au tableau. Quelle est la probabilité pour que ce soit un garçon brun ?

	$\overline{F}$	F	R **(30)**
B	15	7	**22**
$\overline{B}$	5	**3**	8
	20	**10**	

Figure 1

On peut définir les ensembles :

- R : l'ensemble des élèves de la classe,
- F : l'ensemble des filles,
- B : l'ensemble des élèves bruns,
- $\overline{B}$: l'ensemble des élèves blonds.

Ce problème est essentiellement un problème de théorie des ensembles. Il s'agit de connaître le nombre de garçons bruns.
Il y a deux fois plus de garçons que de filles, donc 20 garçons et 10 filles, pour qu'il y ait 30 élèves en tout. Sur le diagramme de Venn de la figure 1, les données sont indiquées en gras ; on place d'abord le nombre de filles blondes : il reste 7 filles qui sont forcément brunes. Puisqu'il y a 22 élèves bruns, il reste :

$$22 - 7 = 15 \text{ garçons bruns.}$$

(On complète par des soustractions évidentes.)

La probabilité pour qu'un élève pris au hasard soit un garçon brun est :

$$\frac{\text{Nombre de cas favorables}}{\text{Nombre de cas possibles}} = \frac{15}{30} = \frac{1}{2}$$

Si le professeur envoie un élève au hasard au tableau, il y a **une chance sur deux** pour que ce soit un garçon brun.

⑤°② On donne, quelques jours avant, les probabilités des événements suivants, pour le 13 décembre 2000 à Paris :

A : Il pleuvra,
B : Il fera froid.

1° On donne :

Pr {A} = 0,3 Pr $\{B\} = 0,5$ Pr $\{A \text{ et } B\} = 0,1$

Dessinez un diagramme de Venn et un diagramme structuré pour représenter cette situation.

2° Complétez le tableau suivant en y ajoutant des flèches de correspondance :

Pr $\{\overline{A} \text{ ou } B\}$	0,7
Pr $\{\overline{A} \text{ ou } \overline{B}\}$	0,3
Pr $\{\overline{A} \text{ et } B\}$	
Pr $\{\overline{A \text{ ou } B}\}$	0,9
Pr $\{\overline{A}\}$	0,8
Pr $\{\overline{B}\}$	
Pr $\{\overline{A} \text{ et } \overline{B}\}$	0,5
Pr $\{A \text{ ou } B\}$	0,4

(Plusieurs flèches peuvent aboutir au même nombre.) Explicitez les événements considérés.

3° Mêmes questions avec :

Pr $\{A \mid B\}$	1
Pr $\{\overline{A} \mid \overline{B}\}$	$\frac{1}{5}$
Pr $\{\overline{A} \mid B\}$	
	$\frac{3}{5}$
Pr $\{A \mid \overline{A}\}$	
Pr $\{(A \text{ ou } B) \mid A\}$	0,8
Pr $\{(\overline{A} \text{ et } \overline{B}) \mid (A \text{ ou } B)\}$	0

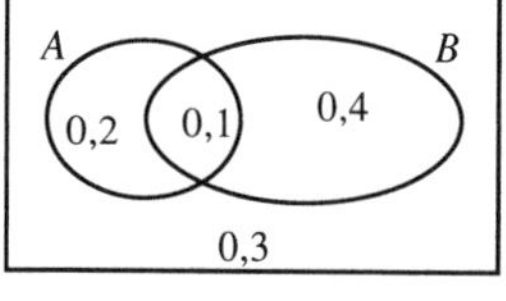

Ω(1)

Figure 2

1° Pour dessiner l'un ou l'autre diagramme, il faut commencer par placer la probabilité de « A et B ». On obtient ensuite la probabilité de A seul ($A \setminus B$) en calculant : 0,3 - 0,1 = 0,2 et celle de B seul par : 0,5 - 0,1 = 0,4.

Il faut calculer la probabilité de « A ou B » pour connaître celle de son contraire (ni A ni B : $\overline{A \text{ ou } B} = \overline{A} \text{ et } \overline{B}$).

	A	$\overline{A}$	Ω (1)
B	0,1	0,4	0,5
$\overline{B}$	0,2	0,3	0,5
	0,3	0,7	

Figure 3

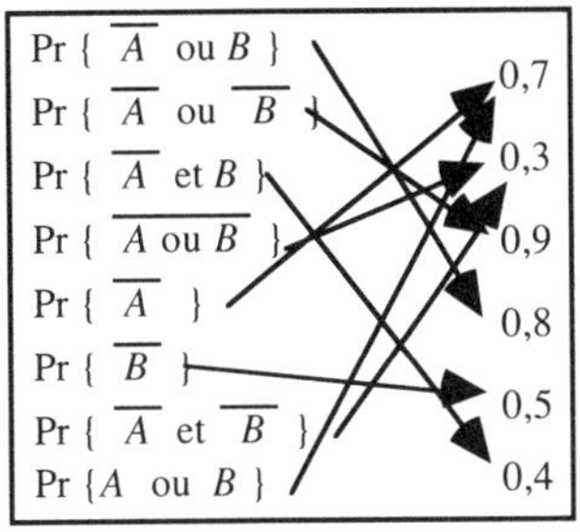

Figure 4

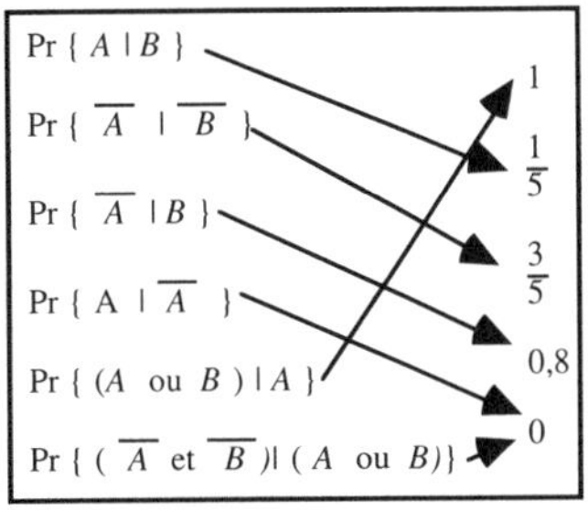

Figure 5

On utilise la formule :

$$\Pr\{A \text{ ou } B\} = \Pr\{A\} + \Pr\{B\} - \Pr\{A \text{ et } B\}$$
$$= 0,3 + 0,5 - 0,1 = 0,7$$

Ce qui laisse 1 - 0,7 = 0,3 pour la probabilité de l'événement contraire. On peut aussi calculer directement sur le diagramme cette dernière probabilité, puisque la somme des probabilités est égale à 1.

Le diagramme de Venn complet est la figure 2, le diagramme structuré la figure 3. Ce dernier permet d'inscrire les probabilités des événements A et B et de leurs contraires.

2° (Figure 4). La plupart des probabilités cherchées se lisent sur le diagramme structuré : celles des événements : $\overline{A}$, $\overline{B}$, « $\overline{A}$ et $\overline{B}$ » = « $\overline{A \text{ ou } B}$ ». Pour les autres, il faut additionner les probabilités inscrites dans les parties connexes correspondantes. Voici les significations des événements :

$\overline{A}$ ou B : ou bien il ne pleuvra pas ou bien il fera froid (il se peut que les deux se produisent à la fois).

$\overline{A}$ ou $\overline{B}$: ou bien il ne pleuvra pas ou bien il ne fera pas froid (ou les deux).

$\overline{A}$ et B : il fera froid, mais il ne pleuvra pas.

$\overline{A \text{ ou } B}$ = $\overline{A}$ et $\overline{B}$: Il ne pleuvra pas et il ne fera pas froid.

$\overline{A}$: il ne pleuvra pas.

$\overline{B}$: il ne fera pas froid.

3° Il s'agit cette fois de probabilités conditionnelles qu'on lit plus facilement à l'aide du diagramme structuré de la figure 3.

$$\Pr\{A \mid B\} = \frac{\Pr\{B \text{ et} A\}}{\Pr\{B\}} = \frac{0,1}{0,5} = \frac{1}{5}$$

Il s'agit de l'événement : Il pleuvra, s'il fait froid.

De même :

(Il ne pleuvra pas, à condition qu'il ne fasse pas froid).

$$\Pr\{\overline{A} \mid B\} = \frac{0,4}{0,5} = \frac{4}{5} = 0,8$$

(Il ne pleuvra pas, s'il fait froid.)

$$\Pr\{A \mid \overline{A}\} = 0$$

L'événement est : il pleuvra, s'il ne pleut pas. C'est impossible ; la probabilité est donc nulle.

$$\Pr\{(A \text{ ou } B) \mid A\} = 1$$

L'événement est : il pleuvra ou il fera froid, à condition qu'il pleuve. Cet événement est certain ; sa probabilité est 1.

$$\Pr\{\overline{A} \text{ et } \overline{B} \mid A \text{ ou } B\} = 0$$

L'événement est : il ne pleuvra pas et il ne fera pas froid, sachant qu'il pleuvra ou qu'il fera froid. Il ne peut se produire ; sa probabilité est 0. Les événements « $\overline{A}$ et $\overline{B}$ » et « A ou B »sont contraires l'un de l'autre.

Les flèches sont indiquées en figure 5.

⑤°③ Hélène a 3 robes d'été dont une bleue, 3 robes d'hiver dont 2 bleues et 4 tailleurs de demi-saison dont aucun n'est bleu. Elle prend un vêtement au hasard pour s'habiller. Trouvez la probabilité pour qu'elle ait ainsi saisi :

1° Une robe.
2° Une robe bleue.
3° Un vêtement qui ne soit pas d'été.
4° Un vêtement qui soit bleu ou d'été.
5° Un tailleur bleu.
6° Un vêtement qui ne soit pas bleu.

	E	H	T	R (10)
B	**1**	**2**	**0**	3
$\overline{B}$	2	1	4	7
	3	**3**	**4**	

Figure 6

1° Désignons les ensembles :

E : ensemble des robes d'été,
B : ensemble des vêtements bleus,
H : ensemble des robes d'hiver,
T : ensemble des tailleurs.

On peut s'aider d'un diagramme structuré comme la figure 6 ou appliquer la formule « historique » du calcul des probabilités.

Il y a 6 robes et 4 tailleurs, donc 10 vêtements en tout. D'où :
$$\Pr\{\text{une robe}\} = \frac{6}{10} = \frac{3}{5} = 0{,}6.$$

Hélène a 3 chances sur 5 de tirer une robe.

2° Il y a 3 robes bleues sur les 10 vêtements :
$$\Pr\{\text{une robe bleue}\} = \frac{3}{10}$$

Elle a trois chances sur 10 de tirer une robe bleue.

3° Les vêtements d'été sont trois. Il y a donc 7 vêtements qui ne sont pas d'été, d'où :
$$\Pr\{\text{un vêtement qui ne soit pas d'été}\} = \frac{7}{10}$$

Hélène tire un vêtement qui n'est pas pour l'été avec la probabilité 0,7.

4° Il y a 3 vêtements bleus et 5 vêtements qui sont soit bleus soit d'été. Hélène a donc 5 chances sur 10 ou **une chance sur deux de prendre un vêtement soit bleu, soit d'été.**
(On peut aussi calculer :
Card $(E \cup B)$ = Card E + Card B - Card $(E \cap B)$
= 3 + 3 - 1 = 5).

5° La probabilité pour qu'Hélène tire un tailleur bleu est **zéro,** puisqu'elle n'a aucun tailleur bleu.
6° Il y a 7 vêtements qui ne sont pas bleus. **Hélène a 7 chances sur 10 de prendre un tel vêtement.**

⑤°④ Jacques prend le train tous les matins, mais il calcule souvent son temps un peu court. Son heure de départ varie de façon équiprobable entre 7 h 45 et 7 h 55. Le train part à 8 heures et, même si Jacques court, il lui faut au minimum 8 minutes pour arriver au train.
1° Quelle est la probabilité pour que Jacques monte dans le train de 8 heures un jour donné ?
2° Jacques est dans le train de 8 heures. Quelle est la probabilité :
- pour qu'il soit parti à 7 h 54 ?
- pour qu'il soit parti avant 7 h 50 ?

1° Jacques doit partir avant 7 h 52. Sur les dix minutes au cours desquelles il peut partir, sept lui permettent de prendre le train. La probabilité pour qu'il monte dans le train est donc : $\frac{7}{10} = \mathbf{0{,}7}$

Jacques a 7 chances sur 10 de prendre le train.

2° Nous savons que Jacques est dans le train (probabilité conditionnelle).
- Il n'est certainement pas parti à 7 h 54, car il ne serait pas monté dans le train : la probabilité est **0**.
- Nous savons qu'il est parti entre 7 h 45 et 7 h 52. Il y a 5 chances sur 7 qu'il soit parti avant 7 h 50 :
Probabilité : $\frac{5}{7} \approx \mathbf{0{,}14}$
Si Jacques est dans le train, il a une probabilité nulle d'être parti à 7 h 54 et 5 chances sur 7 d'être parti avant 7 h 50.

⑤°⑤ Voici trois diagrammes. Indiquez ceux qui correspondent à des événements indépendants.

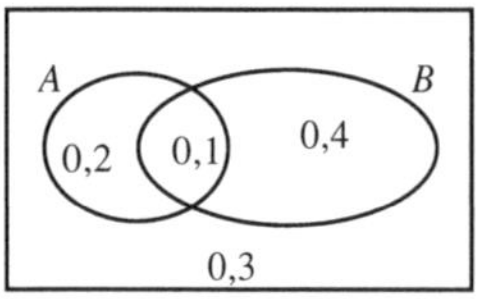

Figure 7

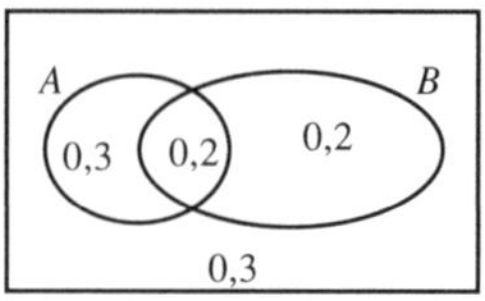

Figure 8

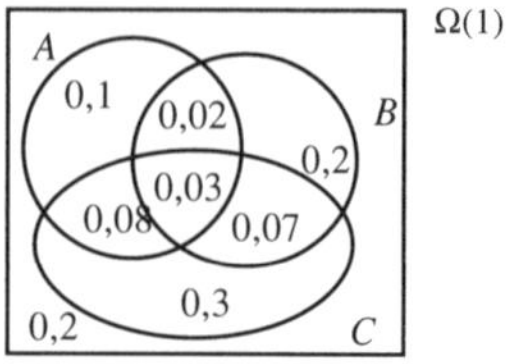

Figure 9

On ne peut que chercher à vérifier l'indépendance. S'il y a indépendance, pour deux événements A et B :

$$\Pr\{A \text{ et } B\} = \Pr\{A\} \times \Pr\{B\} \quad (1)$$

et pour trois événements A, B et C :

$$\Pr\{A \text{ et } B\} = \Pr\{A\} \times \Pr\{B\}$$
$$\Pr\{A \text{ et } C\} = \Pr\{A\} \times \Pr\{C\}$$
$$\Pr\{C \text{ et } B\} = \Pr\{C\} \times \Pr\{B\}$$
$$\Pr\{A \text{ et } B \text{ et } C\} = \Pr\{A\} \times \Pr\{B\} \times \Pr\{C\}$$

Pour qu'il y ait indépendance, il faut que les quatre égalités soient vérifiées. Par contre, il suffit que l'une d'entre elles ne soit pas vérifiée pour qu'il n'y ait pas indépendance.

Examinons la **figure 7** :
$\Pr\{A \text{ et } B\} = 0{,}1$ $\Pr\{A\} = 0{,}3$ $\Pr\{B\} = 0{,}5$.
L'équation (1) n'est pas vérifiée. ***A* et *B* ne sont pas indépendants.**

Examinons maintenant la **figure 8** :
$\Pr\{A \text{ et } B\} = 0{,}2$ $\Pr\{A\} = 0{,}5$ $\Pr\{B\} = 0{,}4$.
L'équation (1) est vérifiée. ***A* et *B* sont indépendants.**

Examinons la **figure 9** :
$\Pr\{A\} = 0{,}23$ $\Pr\{B\} = 0{,}32$ $\Pr\{C\} = 0{,}48$.
Or : $\Pr\{A \text{ et } B\} = 0{,}05$
L'équation (1) n'est pas vérifiée. A et B ne sont pas indépendants.
On peut voir de même que A et C ne sont pas indépendants.
La figure 9 correspond à des événements dépendants.

⑤°⑥ Le sieur Delaroche-Duplessis débarque en l'an 1604 sur le Saint-Laurent, espérant atteindre la Chine. Après quelques mois d'éprouvante navigation, il aboutit dans l'immense lac Ontario. Il aperçoit alors trois Indiens et leur demande : « Suis-je bien sur la mer qui borde la Chine ? » Mais chacun des trois a une chance sur trois de mentir, en vertu d'une méfiance bien compréhensible.
1° Le sieur Delaroche-Duplessis a-t-il alors davantage de chances d'obtenir trois réponses identiques ou des réponses divergentes ?
2° Les réponses ont été identiques. Quelle est la probabilité pour que le Sieur Delaroche-Duplessis connaisse la vérité ?

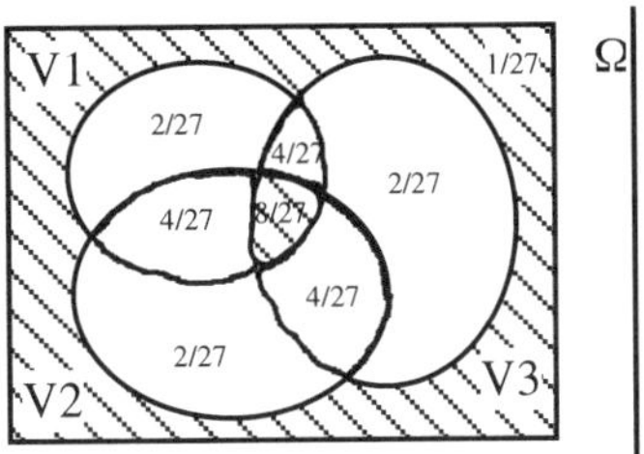

Figure 10

1° Les réponses seront identiques si les trois Indiens disent la vérité : probabilité $(\frac{2}{3})^3$; le premier dit la vérité **et** le deuxième **et** le troisième, ou si tous trois mentent : probabilité $(\frac{1}{3})^3$. En tout, la probabilité est :

$$\left(\frac{2}{3}\right)^3 + \left(\frac{1}{3}\right)^3 = \frac{8}{27} + \frac{1}{27} = \frac{9}{27} = \frac{1}{3}.$$

Il y a une probabilité $1 - \frac{1}{3}$ soit $\frac{2}{3}$ pour que les réponses soient divergentes (événement contraire).

Le sieur Delaroche-Duplessis avait donc deux chances sur trois, soit deux fois plus de chances d'obtenir des réponses divergentes que des réponses concordantes.

On peut dessiner le diagramme de la figure 10, en désignant par *V1*, *V2* et *V3* les événements : le premier Indien, le second Indien, le troisième Indien... dit la vérité. Les cas où les réponses sont identiques sont hachurés.
2° Si les réponses sont identiques, calculons la probabilité conditionnelle (théorème de Bayes) :

$$\frac{\frac{8}{27}}{\frac{9}{27}} = \frac{8}{9}$$

pour que les trois Indiens aient tous trois dit la vérité.

Le sieur Delaroche-Duplessis avait donc huit chances sur neuf d'être correctement informé si les trois Indiens formulaient des réponses convergentes.

⑤°⑦ Xavier a deux cours d'anglais par semaine : le mardi et le jeudi. Il a remarqué qu'il est interrogé un mardi sur 2 et un jeudi sur 3, tandis qu'une semaine sur 10, il se trouve interrogé à la fois le mardi et le jeudi.
1° Donner des noms aux événements et dessiner un diagramme de Venn complet représentant cette situation.
2° Quelle est la probabilité pour que Xavier soit interrogé au moins une fois la semaine prochaine ?
3° Quelle est la probabilité pour qu'il le soit une fois et une seule ?
4° Les événements « Xavier est interrogé le mardi » et « Xavier est interrogé le jeudi » sont-ils indépendants ? Pourquoi ?

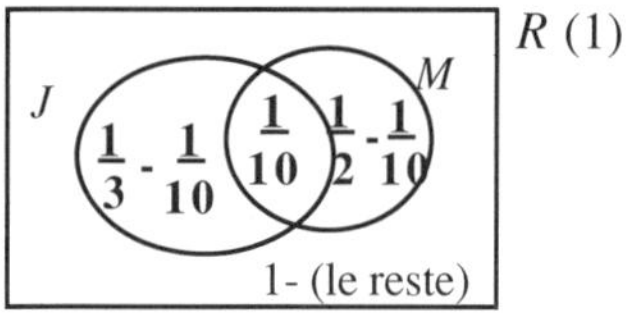

Figure 11

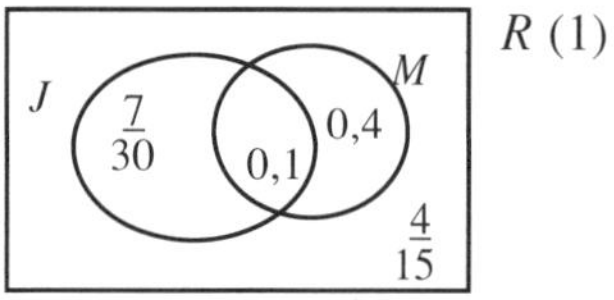

Figure 12

▼ *Bien faire la différence entre « au moins une fois » et « exactement une fois » (une fois et une seule).*

Soient :
J l'événement : Xavier est interrogé un jeudi,
M l'événement : Xavier est interrogé un mardi.
1° On peut dessiner la figure 12, en commençant par la probabilité de J *et* M qui est 0,1. Il est interrogé un jeudi sur trois, donc le jeudi seulement avec la probabilité :

$$\frac{1}{3} - \frac{1}{10} = \frac{10}{30} - \frac{3}{30} = \frac{7}{30}$$

et on continue (le diagramme de la figure 11 est un « brouillon » qui indique les opérations à faire et où les données sont indiquées en gras).
2° C'est (formule des probabilités totales) :

$$\Pr\{J \text{ ou } M\} = \Pr\{J\} + \Pr\{M\} - \Pr\{J \text{ et } M\}$$
$$= \frac{1}{3} + \frac{1}{2} - \frac{1}{10} = \frac{22}{30} = \frac{11}{15}$$

On peut aussi lire cette probabilité sur le diagramme de la figure 12 :

$$\Pr\{\text{J ou M}\} = \frac{7}{30} + 0,1 + 0,4 = \frac{22}{30} = \frac{11}{15} \approx 0,73.$$

Xavier a 11 chances sur 15 d'être interrogé au moins une fois la semaine prochaine.
3° Il s'agit de la probabilité pour que Xavier soit interrogé seulement le mardi ou seulement le jeudi. Cette probabilité se lit sur le diagramme de Venn ou s'obtient par :

$$\Pr\{\text{Xavier interrogé une fois et une seule}\}$$
$$= \Pr\{J \setminus M\} + \Pr\{M \setminus J\}$$
$$= \frac{1}{3} - 0,1 + \frac{1}{2} - 0,1 = \frac{10}{30} + \frac{15}{30} - \frac{6}{30} = \frac{19}{30} \approx 0,63.$$

Cette probabilité se lit aisément sur le diagramme :

$$\frac{7}{30} + 0,4 = \frac{19}{30}$$

Xavier a 19 chances sur 30 d'être interrogé une fois et une seule (et 22 chances sur 30 d'être interrogé au moins une fois, c'est-à-dire une fois ou deux).

4° Si J et M étaient indépendants, on aurait :

$$\Pr\{J\} \times \Pr\{M\} = \frac{1}{2} \times \frac{1}{3} = \frac{1}{6}$$

Or, l'énoncé donne : Pr $\{J$ et $M\} = 0{,}1$

Pr $\{J$ et $M\} \neq \Pr\{J\} \times \Pr\{M\}$

Xavier est interrogé moins souvent les deux fois que si les événements J et M étaient indépendants.

***J* et *M* ne sont pas indépendants.**

⑤°⑧ Isabelle est chargée de surveiller deux machines. Pendant une heure précise, soit les événements :

A : la première machine ne tombe pas en panne,

B : la deuxième machine ne tombe pas en panne.

On donne : Pr $\{A\} = 0{,}6$, Pr $\{B\} = 0{,}7$ et Pr $\{ \overline{A}$ et $\overline{B} \} = 0{,}1$

1° Quelle est la probabilité pour qu'au moins une machine ne tombe pas en panne?

2° En vous aidant éventuellement d'un diagramme de Venn, calculez la probabilité pour qu'aucune des machines ne tombe en panne.

3° Traduisez en langage courant les événements suivants et calculer leurs probabilités :

$X_1 = \overline{B}$ $\quad X_2 =$ « A et $\overline{B}$ » $\quad X_3 =$ « A ou $\overline{B}$ »

$X_4 =$ « $\overline{A}$ ou B » $\quad X_5 =$ « $\overline{A}$ ou B ou A » $\quad X_6 =$ « $\overline{A}$ et B »

$X_7 =$ « $\overline{A}$ et B » ou « A et $\overline{B}$ »

4° Les événements A et B sont-ils indépendants? Calculer Pr $\{A \mid B\}$ et Pr $\{B \mid A\}$.

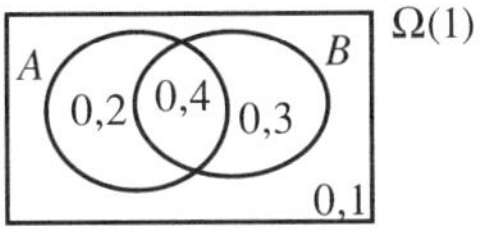

Figure 13

1° Pr $\{\overline{A}$ et $\overline{B}\}$ est la probabilité pour que les deux machines tombent en panne. La probabilité pour qu'au moins l'une des machines ne tombe pas en panne est celle de l'événement contraire :

Pr $\{A$ ou $B\} = 1 -$ Pr $\{\overline{A}$ et $\overline{B}\} =$ **0,9**.

2° La question est Pr$\{A$ et $B\}$: probabilité pour que la première **et** la deuxième machine ne tombent pas en panne; Or :

Pr {A ou B} = Pr {A} + Pr {B} - Pr {A et B} = 0,9

avec : Pr $\{A\} = 0{,}6$, Pr $\{B\} = 0{,}7$ donc :

Pr $\{A$ et $B\} = 0{,}6 + 0{,}7 - 0{,}9 =$ **0,4.**

La probabilité pour qu'aucune des machines ne tombe en panne est 0,4.

3° Avec les résultats précédents, il est facile de compléter le diagramme de Venn de la figure 13, et donc de lire les résultats demandés.

X_1 : la deuxième machine tombe en panne :

Pr $\{X_1\} = 0{,}1 + 0{,}2 = 0{,}3$ ou : $1 -$ Pr $\{B\} = 1 - 0{,}7 = 0{,}3$.

X_2 : la première machine ne tombe pas en panne, mais la seconde le fait : Pr $\{X_2\} = 0{,}2$. X_2 est la « différence simple » de A et B.

X_3 : soit la première machine ne tombe pas en panne, soit la deuxième tombe en panne :

$$\Pr\{X_3\} = 0{,}2 + 0{,}4 + 0{,}1 = 0{,}7$$

Ces probabilités sont lues sur le diagramme. On pourrait aussi utiliser ici la formule des probabilités totales.

X_4 : ou bien la première machine tombe en panne, ou bien la deuxième ne tombe pas en panne :

$$\Pr\{X_4\} = 0{,}3 + 0{,}1 + 0{,}4 = 0{,}8$$

X_5 : « A ou $\overline{A}$ » = Ω. X_5 est donc Ω (« B ou Ω » = Ω).

$$\Pr\{X_5\} = 1.$$

X_6 : La première machine est en panne et la seconde ne l'est pas :

$$\Pr\{X_6\} = 0{,}3.$$

X_7 : « X_6 ou X_2 », avec X_6 et X_2 incompatibles; une machine et une seule est en panne :

$$\Pr\{X_7\} = 0{,}2 + 0{,}3 = 0{,}5.$$

4° On a :

$$\Pr\{A\} \times \Pr\{B\} = 0{,}42$$

alors que : $\Pr\{A \text{ et } B\} = 0{,}4$.

***A* et *B* ne sont pas indépendants.**

On a, d'après les formules des probabilités composées :

$$\Pr\{B \mid A\} = \frac{\Pr\{A \text{ et } B\}}{\Pr\{A\}} = \frac{0{,}4}{0{,}6} = \mathbf{\frac{2}{3}} \approx 0{,}67.$$

$$\text{et } \Pr\{A \mid B\} = \frac{\Pr\{A \text{ et } B\}}{\Pr\{B\}} = \frac{0{,}4}{0{,}7} = \mathbf{\frac{4}{7}} \approx 0{,}57.$$

⑤°⑨ Demain, c'est l'anniversaire de Victor. Il y a une chance sur deux pour que sa marraine lui envoie un cadeau et deux chances sur trois pour que sa grand-mère en fasse autant. Il y a une chance sur trois pour que toutes deux y pensent à la fois.

1° Quelle est la probabilité pour qu'aucune des deux n'y pense?

2° Les événements : « La marraine de Victor lui envoie un cadeau », « La grand-mère de Victor lui envoie un cadeau » sont-ils indépendants?

3° Victor a reçu un cadeau de sa grand-mère. Quelle est la probabilité pour que sa marraine y pense également?

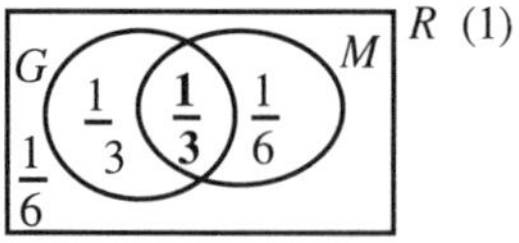

Figure 14

Soit les événements :

M : la marraine de Victor lui envoie un cadeau.

G : la grand-mère de Victor lui envoie un cadeau.

1° On peut compléter le diagramme de Venn de la figure 14, en commençant par inscrire 1/3, probabilité de M et G; puis 1/6 pour $M \setminus G$ et 1/3 pour

$G \backslash M$; il reste 1/6 pour la partie connexe représentant la situation où Victor ne reçoit de cadeau d'aucune des deux. On peut aussi calculer :

$$\text{Pr}\{G \text{ ou } M\} = \text{Pr}\{G\} + \text{Pr}\{M\} - \text{Pr}\{G \text{ et } M\}$$
$$= \frac{2}{3} + \frac{1}{2} + \frac{1}{3} = \frac{5}{6}$$

et en déduire la probabilité cherchée, qui est celle de l'événement contraire :

$$\text{Pr}\{G \text{ ou } M\} = 1 - \text{Pr}\{G \text{ ou } M\} = 1 - \frac{5}{6} = \frac{1}{6}$$

Victor a une chance sur six de ne recevoir de cadeau ni de sa marraine ni de sa grand-mère.

2° On a : $\text{Pr}\{G\} \times \text{Pr}\{M\} = \frac{1}{2} \times \frac{2}{3} = \frac{1}{3}$

Or : $\text{Pr}\{G \text{ et } M\} = \frac{1}{3}$

Les événements *M* et *G* sont indépendants, puisque :

$$\text{Pr}\{G \text{ et } M\} = \text{Pr}\{G\} \times \text{Pr}\{M\}$$

Les probabilités conditionnelles sont égales aux probabilités « sans condition ». Cela signifie que la marraine et la grand-mère n'ont aucune communication entre elles à propos du cadeau de Victor.

3° Les événements *M* et *G* sont indépendants, donc :

$$\text{Pr}\{M \mid G\} = \text{Pr}\{M\} = \frac{1}{2}$$

Si Victor a reçu un cadeau de sa grand-mère, il a une chance sur deux d'en recevoir un de sa marraine.

5°10 Dans un jeu de 32 cartes, on choisit 5 cartes au hasard. Quelle est la probabilité pour que la dame de carreau fasse partie de ces cinq cartes ?

Nombre de cas favorables : 5,

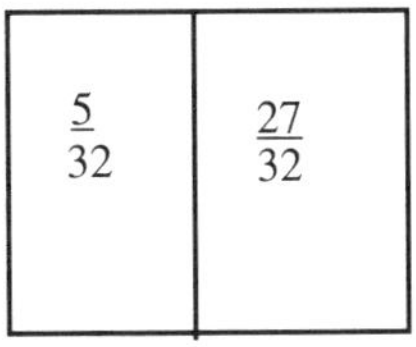

Figure 15

Nombre de cas possibles : 32,

Probabilité : $\frac{5}{32}$.

Voir le diagramme de Venn de la figure 8.

Autre méthode (plus compliquée !)

Si l'on tirait une seule carte, la probabilité pour que ce soit la dame de carreau serait :

On en tire cinq. Il y a 5 possibilités : $\frac{1}{32}$.

- La dame de carreau est la première carte **et** les autres ne sont pas la dame de carreau. La probabilité est :

$$\frac{1}{32} \times \frac{31}{31} \times \frac{30}{30} \times \frac{29}{29} \times \frac{28}{28} = \frac{1}{32}$$

- La dame de carreau est la seconde carte : la première n'est pas la reine de carreau, probabilité $\frac{31}{32}$

et la deuxième est la reine de carreau, alors qu'il ne reste que 31 cartes : $\frac{1}{31}$ **et** les autres cartes sont indifférentes ; la probabilité est :

$$\frac{31}{32} \times \frac{1}{31} \times \frac{30}{30} \times \frac{29}{29} \times \frac{28}{28} = \frac{1}{32}$$

- On démontre de même que la probabilité pour que la dame de carreau soit la 3e, la 4e ou la 5e carte est, à chaque fois, $\frac{1}{32}$. La probabilité pour que la dame de carreau soit la première **ou** la deuxième **ou** la troisième **ou** la quatrième **ou** la cinquième carte est donc :

$$\frac{1}{32} + \frac{1}{32} + \frac{1}{32} + \frac{1}{32} + \frac{1}{32} = \frac{5}{32}.$$

Il y a 5 chances sur 32 pour que la dame de carreau soit dans le lot des 5 cartes.

⑤°①① On demande à un groupe d'enfants composé d'un nombre égal de garçons et de filles s'ils ont été effrayés par une émission de télévision : 25 % des garçons et 44 % des filles ont répondu « oui ». Si un enfant est choisi au hasard dans ce lot, calculez les probabilités des événements suivants :
1° l'enfant a été effrayé,
2° l'enfant choisi est une fille, sachant que l'enfant a été effrayé,
3° l'enfant choisi est un garçon, sachant que cet enfant n'a pas été effrayé.

▼ *Il faut lire correctement l'énoncé : les deux dernières questions concernent des probabilités conditionnelles.*

On note les événements :
E : l'enfant a été effrayé,
F : l'enfant est une fille.
Le diagramme est celui de la figure 17 dont la figure 16 est un brouillon.

1° $\Pr\{E\} = \Pr\{E \text{ et } F\} + \Pr\{E \text{ et } \overline{F}\}$

$$= \frac{1}{2}\,0{,}44 + \frac{1}{2}\,0{,}25 = \frac{69}{200} = \mathbf{0{,}345.}$$

Il y a 345 chances sur mille pour qu'un enfant choisi au hasard ait été effrayé par l'émission.

2° $\Pr\{F \mid E\} = \dfrac{\Pr\{E \text{ et } F\}}{\Pr\{E\}} = \dfrac{0{,}22}{0{,}345} \approx \mathbf{0{,}638}$

Il y a environ 64 chances sur 100 pour qu'un enfant effrayé soit une fille.

3° $\Pr\{\overline{F} \mid \overline{E}\} = \dfrac{\Pr\{\overline{F} \text{ et } \overline{E}\}}{\Pr\{\overline{E}\}} = \dfrac{\frac{1}{2} \times 0{,}75}{1 - 0{,}345} = \dfrac{0{,}375}{0{,}655}$

$$\approx \mathbf{0{,}5725.}$$

	$\overline{F}$	F	$\Omega(1)$
E	0,25 x 0,5	0,44 x 0,5	Total
$\overline{E}$	0,5 - 0,125	0,5 - 0,22	Total
	0,5	**0,5**	

Figure 16

	$\overline{F}$	F	$\Omega(1)$
E	0,125	0,22	0,345
$\overline{E}$	0,375	0,28	0,655
	0,5	0,5	

Figure 17

Cette probabilité se trouve facilement à l'aide du diagramme.
Il y a 57 chances sur 100 pour qu'un enfant qui n'a pas été effrayé soit un garçon.

⑤°①② Une enquête montre que 4 % des Français sont malades du foie et que 75 % de ces malades consomment régulièrement de l'alcool. D'autre part, 60 % des Français consomment régulièrement de l'alcool. Pierre est un Français pris au hasard dont on ne sait rien.
On définit les événements :
F : Pierre est malade du foie,
A : Pierre consomme régulièrement de l'alcool.
1° *a)* Exprimez les probabilités :
$\Pr\{F\}$ $\qquad$ $\Pr\{A|F\}$ $\qquad$ $\Pr\{A\}$
et indiquez la signification de $\Pr\{A|F\}$.
b) Calculer $\Pr\{F \text{ et } A\}$ et en déduire la probabilité pour que, si Pierre est consommateur d'alcool, il soit malade du foie.
2° *a)* Calculez et interprétez : $\Pr\{\overline{A}\}$, $\Pr\{\overline{A}|F\}$.
b) Quelle est la probabilité pour que, si Pierre n'est pas consommateur d'alcool, il soit malade du foie ?

▼ *Ce problème était fort simple, mais il fallait lire l'énoncé avec soin, le traduire en mathématiques... et ne pas chercher les complications !*

	A	$\overline{A}$	
F	0,04 x **0,75**	0,04 - 0,03	**0,04**
$\overline{F}$	0,6 - 0,03	0,4 - 0,01	1 - 0,04
	0,6	1 - 0,6	

Figure 18

	A	$\overline{A}$	Ω (1)
F	0,03	0,01	0,04
$\overline{F}$	0,57	0,39	0,96
	0,6	0,4	

Figure 19

On peut s'aider du diagramme dont le brouillon est la figure 18 et le définitif la figure 19.

1° *a)* $\Pr\{F\} = 0{,}04$
$\Pr\{A|F\} = 0{,}75$
$\Pr\{A\} = 0{,}60$
$\Pr\{A|F\}$ signifie : probabilité pour que **Pierre consomme de l'alcool sachant qu'il est malade du foie.**

b) $\Pr\{F \text{ et } A\} = \Pr\{F\} \times \Pr\{A|F\} = 0{,}04 \times 0{,}75 = 0{,}03$
D'où :

$$\Pr\{F|A\} = \frac{\Pr\{F \text{ et } A\}}{\Pr\{A\}} = \frac{0{,}03}{0{,}60} = \frac{1}{20} = \mathbf{0{,}05}.$$

Il y a une chance sur 20 pour que, si Pierre est consommateur d'alcool, il soit malade du foie.

2° *a)* $\overline{A}$ est l'événement « Pierre ne consomme pas régulièrement d'alcool ».

$$\Pr\{\overline{A}\} = 1 - \Pr\{A\} = \mathbf{0{,}4}.$$

En calculant la probabilité de $\overline{A}|F$, on calcule celle pour que Pierre ne consomme pas régulièrement d'alcool, sachant qu'il est malade du foie.

$$\Pr\{\overline{A}|F\} = 1 - \Pr\{A|F\} = \mathbf{0{,}25}.$$

b) L'événement est $F|\overline{A}$:

$$\Pr\{F \mid \overline{A}\} = \frac{\Pr\{F \text{ et } \overline{A}\}}{\Pr\{\overline{A}\}}$$

$$= \frac{0{,}04 \times 0{,}25}{0{,}4} = \frac{1}{40} = \mathbf{0{,}025.}$$

(Sur le diagramme de la figure 19, on voit facilement que cette probabilité est : $\frac{0{,}01}{0{,}4}$).

Si Pierre n'est pas consommateur d'alcool, **il a 25 chances sur 1000** d'être malade du foie, alors que, s'il est consommateur d'alcool, il a 5 chances sur 100 d'être malade. Le fait d'être consommateur d'alcool double la probabilité d'être malade du foie.

⑤°①③ On envoie par la poste un produit hautement périssable. Il y a une chance sur deux pour que le transport dure un jour, une chance sur quatre pour qu'il dure deux jours et une chance sur quatre pour qu'il dure trois jours. Le produit a la probabilité 0,05 d'être avarié en un jour, la probabilité 0,1 de l'être en deux jours et la probabilité 0,2 de l'être en trois jours.

1° Quelle est la probabilité pour que la marchandise arrive avariée ?

2° La marchandise est arrivée en bon état. Quelle est la probabilité pour qu'elle n'ait mis qu'un jour ?

3° Si la marchandise était avariée, quelle aurait été la probabilité pour qu'elle ait mis trois jours ?

	U	D	T	$\Omega(1)$
A	0,025	0,025	0,050	0,1
$\overline{A}$	0,475	0,225	0,2	0,9
	$\frac{1}{2}$	$\frac{1}{4}$	$\frac{1}{4}$	

Figure 20

▼ *Il convient de bien lire l'énoncé : 0,05, 0,1 et 0,2 sont des probabilités conditionnelles ; 0,05 est la probabilité pour que le produit arrive avarié sachant que le transport a duré un jour...*

On peut réaliser le diagramme de Venn complet de la figure 20, en désignant les événements :

A : la marchandise est avariée,

U : le transport dure un jour,

D : le transport dure deux jours,

T : le transport dure trois jours.

1° La probabilité est :

$$\frac{1}{2} \times 0{,}05 + \frac{1}{4} \times 0{,}1 + \frac{1}{4} \times 0{,}2 = 0{,}1.$$

Il y a une chance sur 10 *a priori* pour que la marchandise arrive avariée.

2° Il y a une probabilité :

$$1 - 0{,}1 = 0{,}9$$

pour que le produit arrive en bon état. La probabilité pour qu'il arrive en bon état **et** provienne du « lot » qui ne met qu'un jour est :

$$\frac{1}{2} \times (1 - 0{,}05) = 0{,}475$$

et donc la probabilité cherchée est (théorème de Bayes) :

$$\frac{0,475}{0,9} \approx 0,527.$$

Il y a un peu plus d'une chance sur 2 pour qu'une marchandise arrivée en bon état n'ait mis qu'un jour.

3° La probabilité pour qu'une marchandise soit avariée et qu'elle ait mis 3 jours est :

$$\frac{1}{4} \times 0,2 = 0,05$$

d'où la probabilité cherchée :

$$\frac{0,05}{0,1} = \frac{1}{2}.$$

Il y a une chance sur deux pour qu'une marchandise arrivée avariée ait mis 3 jours.

⑤°①④ Anne a dans la main une pièce dont elle craint qu'elle ne soit truquée. Soit p la probabilité d'obtenir « pile » avec cette pièce.

1° Anne et Françoise tirent à pile ou face, avec cette pièce, celle qui fera la vaisselle.

a) Préciser les probabilités de chaque éventualité.

b) A quelle condition le tirage serait-il équitable ?

2° Françoise propose de lancer deux fois la pièce. Si le résultat est deux « pile » ou deux « face », il faut effectuer un nouveau tirage. Si le résultat est « pile » puis « face », Françoise gagne ; si le résultat est « face » puis « pile », Anne gagne.

a) Précisez l'univers constitué par les résultats possibles des lancers.

b) Calculez la probabilité de chaque éventualité.

c) Cette façon d'effectuer le tirage est-elle équitable, même si la pièce est truquée ? Justifiez.

▼ *Une pièce truquée ne présente pas forcément deux faces identiques. C'est plutôt une pièce d'apparence normale, mais qui est déséquilibrée : la probabilité de retourner l'une des faces est supérieure à celle de retourner l'autre.*
Si l'énoncé déclare que la probabilité d'obtenir « pile » est p, il ne faut pas supposer que p = 1/2, car cette égalité n'est vraie que si la pièce n'est pas truquée.

1° *a)* les probabilités sont :

p : « pile » est retournée,

$1 - p$: « face » est retournée.

b) Le tirage est équitable si toutes deux ont la même probabilité de gagner :

$$p = 1 - p \qquad p = 1/2$$

Il faut que la pièce ne soit pas truquée.

Peu importe la personne qui lance la pièce : si celle-ci est équilibrée, le résultat sera le même.

2° *a)* Désignons les événements :

P : « pile » est retournée,

F : « face » est retournée.

▼ *Deux tirages suffisent, sauf si l'on a PP ou FF.*

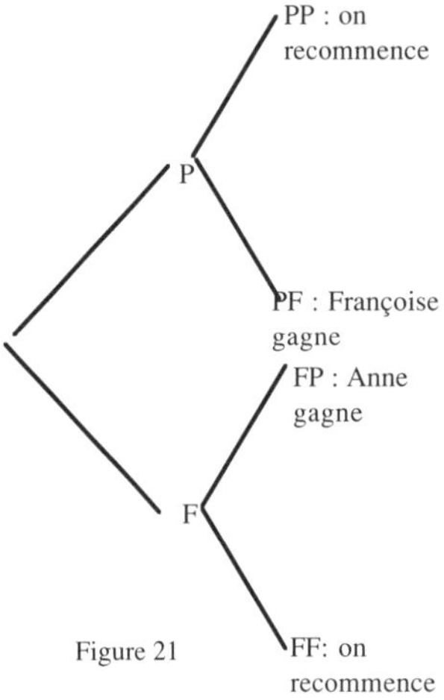

Figure 21

Deuxième \ Première	Pile	Face	Ω(1)
Pile	p^2	$p(1-p)$	p
Face	$p(1-p)$	$(1-p)^2$	$1-p$
	p	$1-p$	

Figure 22

Indiquons ce qui peut se passer en deux étapes :

$$\Omega = \{PP, PF, FP, FF\}$$

Si l'on a *PP* ou *FF*, on recommence, et on retrouve le même univers des possibles.

b) On calcule les probabilités de ces quatre événements, en prenant toujours p pour la probabilité de retourner « pile », puisqu'on peut toujours supposer que la pièce est truquée :

Pr $\{PP\} = p^2$ Pr $\{PF\} = p(1-p)$

Pr $\{FP\} = p(1-p)$ Pr $\{FF\} = (1-p)^2$

On peut, selon les formes d'esprit, représenter ces probabilités à l'aide d'un arbre (figure 21) ou d'un diagramme complet (figure 22).

c) Le tirage est équitable, car :

Pr {Anne gagne} $= p(1-p) =$ Pr {Françoise gagne}.

La probabilité de retourner « pile » puis « face » est la même que celle de retourner « face » puis « pile ». **Même si la pièce est truquée, ce mode de tirage est équitable**.

Cela reste vrai si l'on tire d'abord deux « pile » ou deux « face », car, alors, on recommence deux tirages dans les mêmes conditions qu'à l'épreuve précédente.

⑤°①⑤ Une société de vente par correspondance attribue un indicatif à chaque sociétaire. Cet indicatif est formé d'un numéro à quatre chiffres suivi d'une lettre, avec les conditions suivantes :

- le premier chiffre à gauche ne peut être zéro,
- la lettre ne peut être O.

1° Combien peut-il y avoir de sociétaires au maximum ?

2° Un sociétaire a oublié son numéro. Il se souvient seulement que ce numéro comporte trois fois le chiffre 5 et se termine par un B. Il décide de faire des bons de commande en essayant tous les numéros possibles. Combien doit-il en faire ?

3° Un nouveau sociétaire souhaite avoir un numéro facile à retenir.

a) Quelle est la probabilité pour que son numéro, supposé attribué au hasard, soit formé de quatre fois le même chiffre, suivi de l'initiale de son prénom, P ?

b) Quelle est la probabilité pour que son numéro soit formé de quatre chiffres consécutifs, la lettre étant quelconque ? (On admettra que 0, 1 et 2 sont consécutifs à 7, 8, 9.)

1° On compte les nombres de manières de choisir chaque caractère de l'indicatif :
- le premier chiffre peut être choisi de 9 manières différentes (le chiffre à gauche ne peut être zéro) ;
- le second, le troisième et le quatrième chiffre peuvent être choisis de 10 manières différentes,
- la lettre peut être choisie de 25 manières différentes, puisque le O ne doit pas intervenir.
Les choix portent **et** sur le premier chiffre **et** sur le second **et**... Il faut donc multiplier les nombres :

$$9 \times 10 \times 10 \times 10 \times 25 = 225\,000$$

Il y a 225 000 indicatifs possibles. **Il peut y avoir un maximum de 225 000 sociétaires**.

▼ On peut à la rigueur interpréter en supposant que le numéro peut aussi comporter quatre fois le chiffre 5 ; il y a alors 39 possibilités.

2° L'indicatif comporte trois 5 et un autre chiffre. Ce dernier peut être :
- le premier : il y a alors 8 manières de le choisir (ni 0 ni 5) ;
- le second : il y a 9 manières de le choisir (ce n'est pas un 5) ;
- le troisième ou le quatrième : il y a aussi 9 manières de le choisir.
Les quatre possibilités s'excluent : le chiffre est le premier **ou** le second **ou**... On additionne les nombres :

$$8 + 9 + 9 + 9 = 35$$

Le sociétaire devrait faire 35 bons de commande, avec 35 indicatifs différents.

3° *a)* Comptons combien de numéros correspondent au critère du nouveau sociétaire; il y a 9 manières de choisir le chiffre qui sera répété quatre fois (ce ne peut être zéro, puisque le premier chiffre n'est pas un zéro). Ce chiffre trouvé, l'indicatif est déterminé. La probabilité pour qu'un numéro pris au hasard satisfasse ce critère est donc :

$$\frac{9}{225\,000} = \frac{1}{25\,000} \approx 0{,}00004.$$

Il n'y a qu'une chance sur 25 000 pour que le critère soit satisfait.
b) Il y a alors 9 manières de choisir le premier chiffre (les autres, consécutifs, sont déterminés une fois ce choix fait) **et** 25 manières de choisir la lettre, d'où une probabilité :

$$\frac{9 \times 25}{225\,000} = \frac{1}{1\,000} = 0{,}001.$$

Il y a une chance sur mille pour que l'indicatif soit formé de 4 chiffres consécutifs suivis d'une lettre quelconque.

N. B. Le deuxième critère est moins draconien que le premier !

⑤°①⑥ La population de Minneapolis est composée de 70 % de Blancs d'origine allemande ou scandinave, de 15 % de Noirs venus des plantations du Sud des États-Unis, de 5 % d'Indiens d'origine locale et de 10 % de Cambodgiens d'immigration récente. 60 % des Blancs mesurent plus de six pieds ainsi que 40 % des Noirs (dans ces deux catégories, tous mesurent au moins cinq pieds). 90 % des Cambodgiens mesurent moins de cinq pieds, ainsi que 40 % des Indiens (dans ces deux dernières catégories, nul ne mesure plus de six pieds).
Quelle est la situation la plus probable : qu'un homme de taille moyenne (entre cinq et six pieds) soit noir, qu'un homme grand (plus de six pieds) ne soit pas blanc ou qu'un homme petit (moins de cinq pieds) soit indien ?

	B	N	I	C	$\Omega(100)$
G	42	6	0	0	48
M	28	9	3	1	41
P	0	0	2	9	11
	70	15	5	10	

Figure 23

Les pourcentages peuvent être reportés sur le diagramme de la figure 23 où B représente l'ensemble des Blancs, N celui des Noirs, I celui des Indiens, C celui des Cambodgiens, G l'ensemble des hommes grands, M celui des hommes moyens et P celui des petits.
Il faut calculer les probabilités conditionnelles.

Un homme de taille moyenne est noir
On cherche la proportion d'hommes de taille moyenne :
- des Blancs : $0{,}7 \times 0{,}4 = 0{,}28$,
- des Noirs : $0{,}15 \times 0{,}6 = 0{,}09$,
- des Indiens : $0{,}05 \times 0{,}6 = 0{,}03$,
- des Cambodgiens : $0{,}1 \times 0{,}1 = 0{,}01$.

Au total, il y en a 0,41 dont 0,09 sont des Noirs. La probabilité est :

$$\frac{0{,}09}{0{,}41} = \mathbf{\frac{9}{41}}$$

Sur la figure 23, on voit que cette probabilité est le rapport $\frac{9}{41}$.

Un homme grand n'est pas blanc
La proportion d'hommes grands est (en raisonnant de la même manière) :
$0{,}7 \times 0{,}6 + 0{,}15 \times 0{,}4 + 0 + 0 = 0{,}42 + 0{,}06 = 0{,}48$

d'où la probabilité pour qu'un homme grand pris au hasard ne soit pas blanc :

$$\frac{0{,}06}{0{,}48} = \mathbf{\frac{1}{8}}.$$

Un homme petit est indien

La proportion d'hommes petits peut être calculée soit par :

$$1 - 0{,}41 - 0{,}48 = 0{,}11$$

(proportion d'hommes qui ne sont ni moyens ni grands)

soit par :

$$0 + 0 + 0{,}05 \times 0{,}4 + 0{,}1 \times 0{,}9 = 0{,}11$$

(proportion d'hommes petits). D'où la probabilité pour qu'un homme petit pris au hasard soit un Indien :

$$\frac{0{,}02}{0{,}11} = \mathbf{\frac{2}{11}}$$

Il reste à savoir quelle est la *situation la plus probable*, en comparant les fractions :

$$\frac{9}{41} \quad \text{et : } \frac{1}{8} = \frac{6}{48} \quad \text{et encore : } \frac{2}{11} = \frac{8}{44}$$

$\frac{9}{41}$ est plus grande, car son numérateur est supérieur et son dénominateur inférieur à celui des deux autres fractions.

La situation la plus probable, parmi les trois citées, est qu'un homme de taille moyenne soit noir.

⑤°①⑦ Dans le wagon où je me trouvais, la partie non-fumeurs était identique à la partie fumeurs et il n'y avait que des Français, des Belges (deux fois moins nombreux) et des Hollandais (deux fois moins nombreux encore). Parmi ces derniers, il n'y avait aucun fumeur, tandis que le nombre de Belges qui fumaient était égal à celui des Français qui ne fumaient pas.

1° Etait-on plus serré dans la partie fumeurs ou dans la partie non-fumeurs ?

2° Quelle était la probabilité pour qu'un voyageur, pris au hasard dans le wagon, fume ?

	F	B	H	Ω $\left(\frac{7}{4p}\right)$
A	$p - x$	x	0	p
$\overline{A}$	x	$\frac{p}{2} - x$	$\frac{p}{4}$	$\frac{3}{4}p$
	p	$\frac{p}{2}$	$\frac{p}{4}$	

Figure 24

1° Soit p le nombre de Français, il y a $\frac{p}{2}$ Belges et $\frac{p}{4}$ Hollandais. Aucun Hollandais n'est fumeur.

Désignons par x le nombre de fumeurs parmi les Belges. Il y a donc $\frac{p}{2} - x$ non-fumeurs belges. Il y a x non-fumeurs français et $(p - x)$ fumeurs français.

▼ *On constate que le rapport entre les nombres de fumeurs et de non-fumeurs ne dépend pas du nombre total de voyageurs : c'est la raison pour laquelle ce nombre n'est pas donné.*

(Cf. diagramme de la figure 24 où F, B et H sont les ensembles de Français, Belges et Hollandais et A l'ensemble des fumeurs.)

Quelle que soit la valeur de x, le nombre de fumeurs dans le wagon est :

$$p - x + x = p$$

et le nombre de non-fumeurs :

$$x + \frac{p}{2} - x + \frac{p}{4} = \frac{3}{4}p.$$

Le nombre de non-fumeurs est inférieur à celui des fumeurs. **On est donc plus serré dans la partie fumeurs.**

2° On applique la formule :

$$\frac{\text{Nombre de cas favorables}}{} = \frac{p}{p + \frac{3}{4}p} = \frac{4}{7}$$

Un voyageur pris au hasard a 4 chances sur 7 d'être un fumeur.

⑤°①⑧ Ce soir-là, j'assistais à un concert où Liszt et Chopin se partageaient, à égale proportion, le nombre d'œuvres jouées sans ordre précis. Sans programme, je ne reconnus pas le morceau qui se jouait... Aussi le demandai-je discrètement à mon voisin. Mais ce dernier se trompe, je le sais bien, une fois sur dix quand c'est du Chopin et une fois sur cinq quand c'est du Liszt. Il me chuchota : « Cette œuvre est de Liszt. »
Quelle est donc la probabilité pour qu'elle soit de Chopin ?
(Indication : considérez les événements C correspondant à « l'œuvre est de Chopin » et c correspondant à « mon voisin me dit qu'elle est de Chopin ». Dites ce que représentent les événements $L = \overline{C}$ et $l = \overline{c}$. Dans l'énoncé, on peut trouver facilement : $\Pr\{l \mid C\}$ et $Pr\,\{c \mid L\}$.)

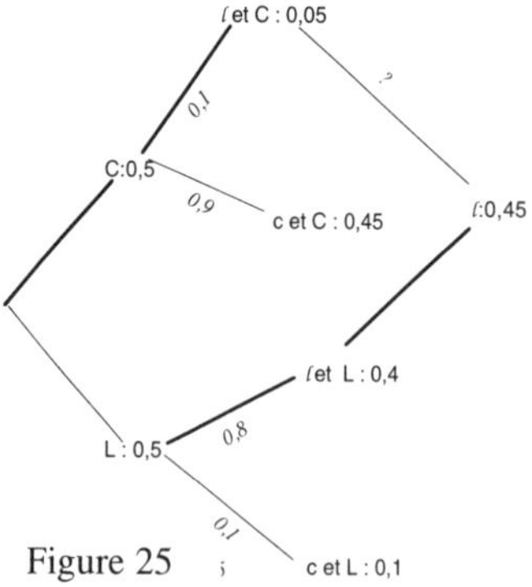

Figure 25

$L = \overline{C}$ est l'événement : l'œuvre est de Liszt,
$l = \overline{c}$ est l'événement : mon voisin me dit que c'est du Liszt.
On est dans le cas du théorème de Bayes. On cherche $\Pr\{C \mid l\}$. On peut représenter la situation par l'arbre de la figure 25 ou par le diagramme structuré de la figure 26.

$\Pr\{l \mid C\} = 0{,}1$ puisque le voisin se trompe une fois sur 10 quand c'est du Chopin.
$\Pr\{c \mid L\} = 0{,}2$ puisqu'il se trompe une fois sur 5 quand c'est du Liszt.

▼ *La seule difficulté de cet exercice consiste à comprendre l'énoncé. Pour dessiner l'arbre, il faut commencer par L et C ; sinon, l'arbre n'est pas possible à tracer.*

	L	C	$\Omega(1)$
ℓ	0,4	0,05	0,45
c	0,1	0,45	0,55
	0,5	**0,5**	

Figure 26

Nous savons que le voisin a affirmé que c'est du Liszt ; la probabilité de cet événement est :
$= \Pr\{l\} = \Pr\{l \text{ et } C\} + \Pr\{l \text{ et } L\}$
$= \Pr\{C\} \times \Pr\{l \mid C\} + \Pr\{L\} \times \Pr\{l \mid L\}$
$= 0{,}5 \times 0{,}1 + 0{,}5 \times 0{,}8 = 0{,}05 + 0{,}4 = 0{,}45$
On a donc (formule de Bayes) :

$$\Pr\{C \mid \ell\} = \frac{\Pr\{\ell \text{ et } C\}}{\Pr\{\ell\}} = \frac{0{,}05}{0{,}45} = \frac{\mathbf{1}}{\mathbf{9}} \simeq 0{,}11.$$

La probabilité pour que l'œuvre soit de Chopin lorsque mon voisin affirme que c'est du Liszt est de $\frac{1}{9}$.

N.B. : Chopin et Liszt sont des musiciens célèbres.

⑤°①⑨ Des essais effectués sur un test de détection du pythanasis rosé de Gilbert ont montré que :
- 5 % des personnes contrôlées étaient malades,
- 95 fois sur 100 le test a donné un résultat positif sur des malades,
- 98 fois sur 100 le test a donné un résultat négatif sur des personnes qui n'étaient pas malades.

On essaie le test sur une personne quelconque et on constate un résultat positif. Quelle est la probabilité pour que cette personne soit vraiment malade ?

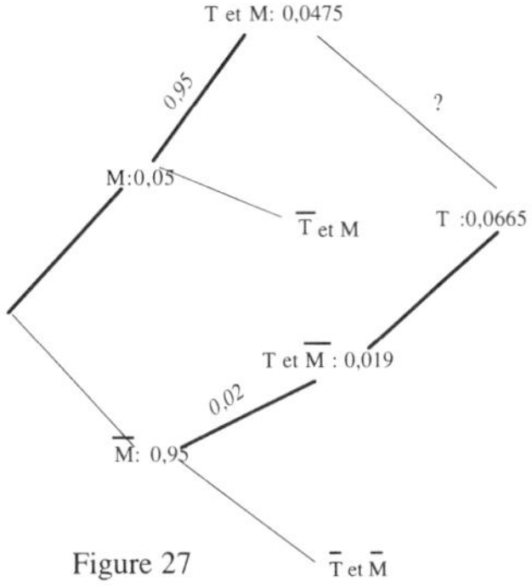

Figure 27

	$\overline{M}$	M	$\Omega(1)$
T	0,95 x 0,02	**0,95 x 0,05**	Somme
$\overline{T}$	**0,98 x 0,95**	0,05 x 0,05	Somme
	1 - 0,05	**0,05**	

Figure 28

	$\overline{M}$	M	$\Omega(1)$
T	0,019	0,0475	0,0665
$\overline{T}$	0,931	0,0025	0,9335
	0,95	**0,05**	

Figure 29

On peut dessiner un arbre (figure 27) ou un diagramme (figure 28, brouillon de la figure 29) *ou* employer la formule de Bayes.

On définit les événements :
M : la personne est malade,
T : le test est positif.
On a, d'après la formule de Bayes :

$$\Pr\{M \mid T\} = \frac{0{,}05 \times 0{,}95}{0{,}95 \times 0{,}02 + 0{,}05 \times 0{,}95} = \frac{475}{665} = \frac{95}{133} \approx \mathbf{0{,}71.}$$

Autre méthode à l'aide de l'un des dessins

$$\Pr\{T \text{ et } M\} = 0{,}05 \times 0{,}95 = 0{,}0475$$
$$\Pr\{T \text{ et } \overline{M}\} = 0{,}95 \times 0{,}02 = 0{,}019$$

D'où $\Pr\{T\} = \Pr\{T \text{ et } M\} + \Pr\{T \text{ et } \overline{M}\} = 0{,}0665$
et :

$$\Pr\{M \mid T\} = \frac{\Pr\{T \text{ et } M\}}{\Pr\{T\}} = \frac{0{,}05 \times 0{,}95}{0{,}0665} \approx 0{,}71.$$

La probabilité pour qu'une personne dont le test est positif soit vraiment malade est de 0,71 (c'est un peu trop faible pour que le test aide vraiment à détecter le pythanasis ! Mais cela suffit pour mettre en état d'alerte).

⑤°②⓪ Dans une usine, il y a deux machines qui produisent des chaises identiques. La première machine n'est pas bien réglée et deux chaises sur cent présentent un défaut. La deuxième machine est bien réglée et les chaises qu'elle produit n'ont un défaut que dans un cas sur mille. Les deux machines produisent autant l'une que l'autre.
1° On prend une chaise au hasard dans la production de la première machine. Quelle est la probabilité pour qu'elle ait un défaut?
2° Exprimez la probabilité précédente sous forme de probabilité conditionnelle.
3°On prend une chaise au hasard dans la production journalière de l'usine. Quelle est la probabilité pour qu'elle vienne de la première machine?
4° On prend une chaise au hasard dans la production journalière de l'usine. Elle a un défaut. Quelle est la probabilité pour qu'elle vienne de la première machine?

1° Il suffit de lire l'énoncé : la probabilité pour qu'elle ait un défaut est **0,02** (deux sur cent).
2° Soit les événements :
D : une chaise a un défaut,
M : une chaise provient de la première machine,
$\overline{M}$: une chaise provient de la deuxième machine.
La probabilité précédente s'écrit :

$$\mathbf{Pr}\ \{D \mid M\}$$

C'est la probabilité pour que la chaise ait un défaut sachant qu'elle vient de la première machine.
3° Les deux machines produisent autant l'une que l'autre, donc :

$$\text{Pr}\ \{M\} = \text{Pr}\ \{\overline{M}\}$$

avec $\text{Pr}\ \{M\} + \text{Pr}\ \{\overline{M}\} = 1$ puisque, seules ces deux machines produisent des chaises. Donc :

$$\text{Pr}\ \{M\} = 0,5$$

Il y a une chance sur deux pour qu'une chaise prise au hasard provienne de la première machine.
4° On peut dessiner le diagramme de Venn de la figure 30 en multipliant les probabilités de l'énoncé par 0,5. Alors :

	M	$\overline{\text{M}}$	
D	0,01	0,0005	0,0105
$\overline{\text{D}}$	0,49	0,4905	0,98
	0,5	0,5	

Figure 30

$$\text{Pr}\ \{M \text{ et } D\} = \text{Pr}\ \{M\} \times \text{Pr}\ \{D \mid M\} = 0,5 \times 0,02 = 0,01$$

$$\text{Pr}\ \{\overline{M} \text{ et } D\} = \text{Pr}\ \{\overline{M}\} \times \text{Pr}\ \{D \mid \overline{M}\} = 0,5 \times 0,001 = 0,0005$$

et en complétant par des différences, puis par des sommes évidentes, on a :

$$\text{Pr}\ \{M \mid D\} = \frac{\text{Pr}\ \{M \text{ et } D\}}{\text{Pr}\ \{D\}} = \frac{0,01}{0,0105} = \frac{100}{105} = \frac{20}{21} \approx 0,952.$$

Il y a 20 chances sur 21 pour qu'une pièce qui a un défaut provienne de la première machine.

⑤°②① 1° Étant donnée une famille de deux enfants, quelle est la probabilité pour qu'elle comprenne un garçon et une fille ?
2° Si une famille a plus de deux enfants, quel nombre minimum d'enfants doit-elle avoir pour que la probabilité d'avoir au moins un garçon soit supérieure ou égale à 0,95 ?
3° On suppose à présent que la famille compte quatre enfants. Evaluez la probabilité pour qu'elle ait exactement deux enfants de chaque sexe, sachant :
a) Que l'aîné est un garçon,
b) Que la famille comprend au moins un garçon, aîné ou non,
c) Que l'on ne sait rien de la famille,
d) Que pensez-vous de ces résultats ? Qu'est-ce qu'une probabilité conditionnelle ? Y a-t-il des événements indépendants ?
On suppose que les probabilités d'avoir un garçon et d'avoir une fille sont égales et que ces événements successifs sont indépendants en probabilité.

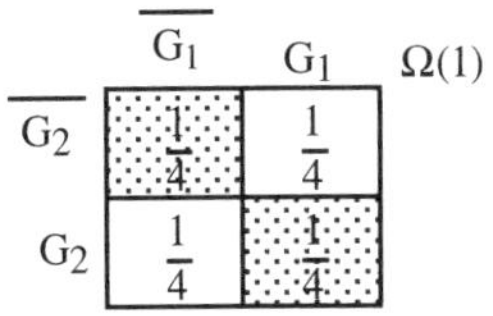

1° Si l'on schématise chaque garçon par un G et chaque fille par un F, la composition d'une famille de deux enfants peut être :

FF FG GF GG

Il y a 4 cas possibles équiprobables et, dans deux de ces cas, la famille comprend un garçon et une fille. On peut aussi dessiner le diagramme de Venn de la figure 31 où G_1 représente l'événement « le premier enfant est un garçon » et G_2 l'événement « le deuxième enfant est un garçon ».
La probabilité est :

$$\Pr\{\text{un garçon et une fille}\} = \frac{2}{4} = \mathbf{\frac{1}{2}}$$

Autre méthode : Le premier enfant peut être quelconque (probabilité : 1), le deuxième enfant doit avoir le sexe opposé au premier (probabilité : 1/2).
La probabilité est (probabilités composées) :

$$1 \times \frac{1}{2} = \frac{1}{2}$$

▼ *Pensez à l'événement contraire !*

(Si vous n'êtes pas habitué à la notation « puissance », retenez qu'il s'agit de multiplier $\frac{1}{2}$ n fois par lui-même.)

2° Supposons que la famille ait *n* enfants. Le seul cas où elle n'aurait pas au moins un garçon est celui où tous les enfants seraient des filles. Chaque enfant a une chance sur deux d'être une fille. Donc, la probabilité pour que les *n* enfants soient des filles est :

$$\frac{1}{2} \times \frac{1}{2} \times \dots \frac{1}{2} = \left(\frac{1}{2}\right)^n$$

La probabilité d'avoir au moins un garçon est :

$$1 - \left(\frac{1}{2}\right)^n$$

Pour que cette probabilité soit supérieure à 0,95, il suffit de trouver n tel que :

$$\left(\frac{1}{2}\right)^n < 0{,}05$$

or (utilisez vos calculatrices !) :

$$\left(\frac{1}{2}\right)^2 = \frac{1}{2} \times \frac{1}{2} = 0{,}25 \qquad \left(\frac{1}{2}\right)^3 = 0{,}25 \times \frac{1}{2} = 0{,}125$$

$$\left(\frac{1}{2}\right)^4 = 0{,}125 \times \frac{1}{2} = 0{,}0625 \qquad \left(\frac{1}{2}\right)^5 = 0{,}0625 \times \frac{1}{2} = 0{,}03125.$$

Il suffit de la puissance 5 : **il faut avoir au minimum 5 enfants pour avoir une probabilité 0,95 d'avoir au moins un garçon.**

3° *a)* On sait que l'aîné est un garçon. Il faut donc que les trois enfants qui suivent soient deux filles et un garçon. Énumérons les familles des 3 enfants :

FFF FFG FGF FGG GFF GFG GGF GGG

Il y a huit possibilités : deux pour le sexe de chaque enfant. Sur ces huit possibilités, trois comprennent deux filles et un garçon. La probabilité cherchée est :

$$\frac{\text{nombre de cas favorables}}{\text{nombre de cas possibles}} = \frac{3}{8}$$

Il y a trois chances sur huit pour qu'une famille dont l'aîné est un garçon comprenne deux garçons et deux filles.

b) La situation ici est différente de celle du *a)*. On sait qu'il y a un garçon, mais on ne connaît pas son rang. Il y a 16 familles possibles de 4 enfants, dont 15 comprennent au moins un garçon :

FFFF	FFFG	FFGF	FGFF
FFGG	FGFG	FGGF	FGGG
GFFF	GFFG	GFGF	GGFF
GFGG	GGFG	GGGF	GGGG

On peut les représenter par le diagramme structuré de la figure 32 sur laquelle F et G ont des indices égaux au rang de naissance ; on a hachuré dans un sens la famille qui ne comprend que des filles et dans l'autre celles qui comprennent deux filles et deux garçons.

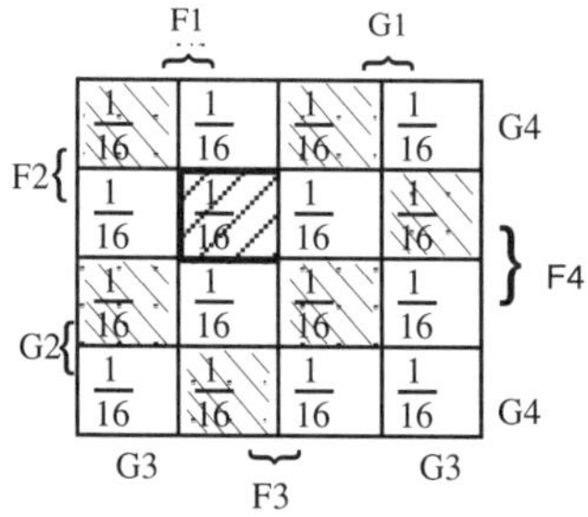

Figure 32

Six de ces 15 familles ont deux garçons et deux filles. La probabilité est donc $\frac{6}{15} = \frac{2}{5} = \mathbf{0{,}4p}$ **pour qu'une famille qui a un garçon comprenne deux garçons et deux filles.**

c) Si l'on ne sait rien de la famille, on peut se servir de l'énumération faite au *b)* et constater qu'il y a 6 familles comprenant deux garçons et deux filles sur seize familles de quatre enfants; la probabilité est :

$$\frac{6}{16} = \mathbf{\frac{3}{8}}$$

Il y a trois chances sur huit pour qu'une famille prise au hasard ait deux garçons et deux filles.

d) On constate une différence entre les probabilités pour qu'une famille comprenant au moins un garçon ou une famille quelconque ait deux garçons et deux filles : la probabilité conditionnelle « sachant » qu'il y a au moins un garçon nous place dans un univers des possibles plus restreint. La probabilité est plus élevée :

$$0{,}4 > \frac{3}{8} \qquad \left(\frac{16}{40} > \frac{15}{40}\right).$$

Par contre, la probabilité est la même pour que la famille comprenne deux garçons et deux filles, que l'aîné soit un garçon ou non. On peut constater sur la liste du *b)* que la probabilité serait la même si l'aînée était une fille. **Les événements « comprendre deux garçons et deux filles » et « l'aîné est un garçon » sont *indépendants*.** Autrement dit, la probabilité d'avoir deux garçons et deux filles ne dépend pas du sexe de l'aîné.

Note. Cela ne veut pas dire que la composition d'une famille de 4 enfants est indépendante du sexe de l'aîné. Par exemple, la probabilité pour qu'elle comprenne 4 filles sachant que l'aîné est un garçon est nulle, alors que si l'aînée est une fille, elle est de $\frac{1}{8}$.

⑤°②② Pour prévenir l'extension d'une épidémie virale, on décide de soumettre la population menacée à des tests. D'une façon générale, le résultat de chaque test est positif pour les porteurs de virus et négatif pour les personnes qui n'en sont pas atteinte; **MAIS** il y a des exceptions.
On choisit un individu, soit Xavier, au hasard et on considère les événements suivants :

- V : Xavier est porteur du virus;
- $\overline{V}$: Xavier n'est pas porteur du virus;
- T : le test appliqué à Xavier est positif;
- $\overline{T}$: le test appliqué à Xavier est négatif;

On admet que :

$\Pr\{V\} = 0{,}1$; $\Pr\{\overline{T} \mid V\} = 0{,}05$; $\Pr\{T \mid V\} = 0{,}95$; $\Pr\{T \mid \overline{V}\} = 0{,}03$.

1° Calculer les probabilités des événements :

***A* :** Xavier est porteur du virus **et** le test appliqué à Xavier est positif;

B* :** Xavier n'est pas porteur du virus **et** le test appliqué à Xavier est positif; en déduire la probabilité de ***T puis celle de $\overline{T}$.

2° Calculer la probabilité pour que Xavier soit porteur du virus **ET** que le test soit négatif. En déduire la probabilité pour que Xavier soit porteur du virus sachant que le test appliqué à Xavier est négatif.

	V	$\overline{V}$	$\Omega(1)$
T	**0,95** x 0,1	**0,03** x 0,9	somme
$\overline{T}$	**0,05** x 0,1	0,9 - 0,027	somme
	0,1	1 - 0,1	

	V	$\overline{V}$	$\Omega(1)$
T	0,095	0,027	0,122
$\overline{T}$	0,005	0,873	0,978
	0,1	0,9	

Figure 34

La figure 33 est le brouillon du diagramme de la figure 34 que l'on peut utiliser pour toutes les réponses.

1° « A » = « V et T »

Il suffit d'appliquer la formule

Pr $\{V \text{ et } T\}$ = Pr $\{V\}$ x Pr $\{T \mid V\}$ = 0,1 x 0,95 = 0,095 :

La probabilité pour que le test soit positif et que Xavier soit porteur du virus est 0,095.

« B » = « $\overline{V}$ et T »

Pr $\{\overline{V} \text{ et } T\}$ = Pr$\{\overline{V}\}$ x Pr $\{T \mid \overline{V}\}$

Or la probabilité de $\overline{V}$ est celle de l'événement contraire de V :

Pr $\{\overline{V}\}$ = 1 - Pr $\{V\}$ = 1 - 0,1 = 0,9

d'où

Pr $\{\overline{V} \text{ et } T\}$ = 0,9 x 0,03 = 0,027

La probabilité pour que le test soit positif et que Xavier ne soit pas porteur du virus est 0,027.

On peut en déduire :

Pr $\{T\}$ = Pr $\{\overline{V} \text{ et } T\}$ + Pr $\{V \text{ et } T\}$ = 0,027 + 0,095 = 0,122

et donc : Pr $\{\overline{T}\}$ = 1 - 0,122 = **0,978.**

2° On demande : Pr $\{V \text{ et } \overline{T}\}$

Qu'on peut calculer sous la forme :

Pr $\{V \text{ et } \overline{T}\}$ = Pr $\{V\}$ x Pr $\{\overline{T} \mid V\}$
= 0,1 x 0,05 = 0,005

On peut en déduire :

$$\Pr\{V \mid \overline{T}\} = \frac{\Pr\{V \text{ et } \overline{T}\}}{\Pr\{\overline{T}\}} = \frac{0{,}005}{0{,}978} = 0{,}0051.$$

La probabilité pour que Xavier soit porteur de virus alors que le test est négatif est proche 0,005. Cela signifie qu'il y a **près d'une chance sur 200** pour que le test rassure Xavier de façon indue. Le test n'est pas suffisant.

⑤°②③ 1° Chaque année, je passe douze jours en Louisiane, accompagné de mon chien Poséidon. Celui-ci a la fâcheuse habitude de gambader, tous les jours, sur les berges du marais où se trouvent encore des crocodiles. Un panneau déconseille toute promenade aux abords du marais en signalant qu'une promenade sur quatre en moyenne se termine tragiquement.
Voici huit jours exactement que Poséidon refuse de respecter ces consignes de sécurité et que tout se passe bien.
Évaluez la probabilité pour que Poséidon :
a) m'accompagne sain et sauf à mon retour en France,
b) se fasse dévorer.

2° Poséidon s'est fait dévorer et je veux avertir le shérif par téléphone. Or il est souvent en déplacement et possède un répondeur à son bureau :

- qu'il branche toujours s'il est absent,
- qu'il utilise une fois sur cinq, en moyenne, lorsqu'il est présent car il ne veut pas être dérangé pendant sa sieste !

Un promeneur m'informe qu'une fois sur deux on obtient le répondeur. Calculez la probabilité pour que, lors de mon appel :
a) le shérif soit présent à son bureau.
b) le shérif soit présent bien que j'aie obtenu le répondeur.

▼ *Les jours déjà écoulés n'ont pas à entrer en ligne de compte : nous savons que Poséidon est encore en vie.*

1° Il reste quatre jours et Poséidon a trois chances sur quatre de survivre chaque jour.
a) Poséidon rentre sain et sauf
La probabilité est :

$$\left(\frac{3}{4}\right)^4 \approx 0{,}316.$$

Poséidon n'a qu'environ trois chances sur dix de retourner en France.

▼ *Poséidon ne peut se faire dévorer qu'une fois et surtout pas quatre fois ! La probabilité n'est donc pas :*

$$\left(\frac{1}{4}\right)^4 !$$

b) Il se fait dévorer
Il s'agit de l'événement contraire du précédent, la probabilité est donc :

$$1 - \left(\frac{3}{4}\right)^4 \approx 0{,}68.$$

Il a près de sept chances sur dix de se faire dévorer.

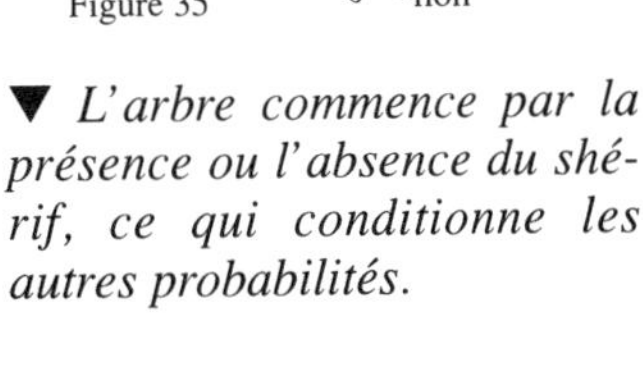

Figure 35

▼ *L'arbre commence par la présence ou l'absence du shérif, ce qui conditionne les autres probabilités.*

2° On peut s'aider de l'arbre de la figure 35, à condition de le commencer dans le bon sens, c'est-à-dire en partant de la présence ou de l'absence du shérif. On peut aussi dessiner le diagramme structuré de la figure 36, algébriquement complet.
a) Soit x la probabilité pour que le shérif soit présent à son bureau. On obtient le répondeur une fois sur deux, donc, d'après l'arbre :

$$\frac{1}{5}x + 1 - x = \frac{1}{2}$$

	Présent	Absent	$\Omega(1)$
Répondeur	$\frac{x}{5}$	$\frac{1}{2}-\frac{x}{5}$	$\frac{1}{2}$
Pas répondeur	$\frac{1}{2}=\frac{4x}{5}$	0	$\frac{1}{2}$
	x	$1-x$	

Figure 36

(Sur le diagramme de la figure 36 : $\frac{1}{2}-\frac{1}{5}x = 1 - x$.)

$$\frac{4}{5}x = \frac{1}{2}$$

$$x = \frac{5}{8} = 0{,}625.$$

Il y a 5 chances sur 8 pour que le shérif soit à son bureau.

b) Si j'obtiens le répondeur (probabilité $\frac{1}{2}$) ; le shérif est alors présent avec la probabilité $\frac{x}{5}$ ou $\frac{1}{8}$. **La probabilité pour que j'obtienne le répondeur bien que le shérif soit présent** est donc :

$$\frac{\frac{1}{8}}{\frac{1}{2}} = \frac{1}{4} = 0{,}25.$$

Il y a **une chance sur quatre** pour que l'on soit dans ce cas.

⑤°②④ Il y a trois urnes : une rouge, une verte et une jaune. La première contient trois boules noires et six blanches ; la seconde, quatre boules noires et deux blanches, et la troisième six boules noires et une blanche. On tire dans l'urne rouge avec une probabilité $\frac{1}{2}$ ou dans l'une des deux autres avec une probabilité $\frac{1}{4}$.
1° On a tiré une boule blanche. Quelle est la probabilité pour qu'elle provienne de l'urne rouge ?
2° On a tiré une boule noire. Quelle est la probabilité pour qu'elle provienne de l'urne jaune ?

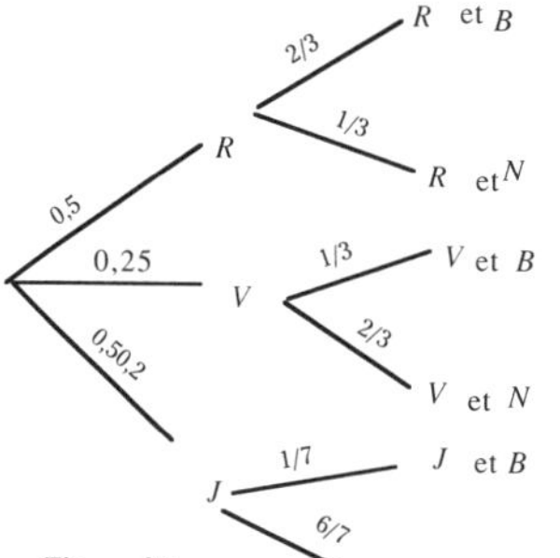

Figure 37

	R	V	J	$\Omega(1)$
N	$\frac{1}{3}\times\frac{1}{2}$	$\frac{2}{3}\times\frac{1}{4}$	$\frac{6}{7}\times\frac{1}{4}$	Somme
B	$\frac{2}{3}\times\frac{1}{2}$	$\frac{1}{3}\times\frac{1}{4}$	$\frac{1}{7}\times\frac{1}{4}$	Somme
	$\frac{1}{2}$	$\frac{1}{4}$	$\frac{1}{4}$	

Figure 38

On peut dessiner les figures 37, 38 (brouillon : attention ! les tirages dans les urnes et les couleurs des boules ne sont pas indépendants, ce qui rend plus difficile l'élaboration du diagramme structuré) et 39, en désignant les événements :

R : on tire dans l'urne rouge,
V : on tire dans l'urne verte,
J : on tire dans l'urne jaune,
B : la boule tirée est blanche,
N : la boule tirée est noire.

1° La probabilité pour qu'une boule tirée au hasard soit blanche est :

$$\frac{1}{2}\times\frac{2}{3}+\frac{1}{4}\times\frac{1}{3}+\frac{1}{4}\times\frac{1}{7}=\frac{19}{42}$$

et la probabilité pour qu'elle provienne de l'urne rouge est (théorème de Bayes) :

$$\frac{\frac{1}{2}\times\frac{2}{3}}{\frac{19}{42}} = \frac{14}{19} \approx 0{,}74.$$

	R	V	J	$\Omega(1)$
N	$\frac{1}{6}$	$\frac{1}{6}$	$\frac{3}{14}$	$\frac{23}{42}$
B	$\frac{1}{3}$	$\frac{1}{12}$	$\frac{1}{28}$	$\frac{19}{42}$
	$\frac{1}{2}$	$\frac{1}{4}$	$\frac{1}{4}$	

Figure 39

Une boule blanche a 14 chances sur 19 de provenir de l'urne rouge.

2° De même, la probabilité pour qu'une boule tirée au hasard soit noire est :

$$1 - \frac{19}{42} = \frac{23}{42} \approx 0{,}55$$

d'où la probabilité pour qu'une boule noire provienne de la troisième urne :

$$\frac{\frac{1}{4} \times \frac{6}{7}}{\frac{23}{42}} = \frac{9}{23} \approx 0{,}39.$$

Une boule noire a 9 chances sur 23 de provenir de l'urne jaune.

⑤°②⑤ Une montagne comporte deux versants, Nord et Sud. Une personne pratiquant le parapente fait un atterrissage forcé sur un versant.

1° Le responsable de la mission de secours estime que la personne a sept chances sur dix de se trouver sur le versant nord. Il dispose de quinze secouristes, tous également compétents. Chaque secouriste localise en moyenne quatre fois sur dix une personne égarée s'il se trouve sur le versant concerné. On suppose que les secouristes agissent indépendamment les uns des autres dans leurs recherches, quel que soit le versant auquel ils sont affectés.
Le responsable de la mission décide d'envoyer dix secouristes sur le versant Nord et 5 autres sur le versant Sud.
On définit les événements suivants :

R : retrouver la personne,
N : la personne est sur le versant Nord,
S : la personne est sur le versant Sud.

a) Sachant que la personne a atterri sur le versant Nord, évaluer la probabilité $\Pr\{\overline{R} \mid N\}$ qu'elle ne soit pas retrouvée. Déduisez-en la probabilité $\Pr\{R \mid N\}$ pour qu'elle soit retrouvée.
b) La personne a atterri sur le versant sud, calculez les probabilités $\Pr\{\overline{R} \mid S\}$ et $\Pr\{R \mid S\}$.
c) Déterminer la probabilité de retrouver la personne.
2° Sachant que la personne a été retrouvée, quelle est la probabilité pour qu'elle ait atterri sur le versant Nord ?
3° Si le responsable de la mission de sauvetage envoie k secouristes sur le versant nord et $(15 - k)$ autres sur le versant Sud, évaluer la probabilité pour que la personne soit retrouvée.

1° *a)* Il y a dix secouristes sur le versant Nord. Chacun d'eux a six chances sur dix de ne pas retrouver la personne. Pour que la personne ne soit pas retrouvée, il faut qu'elle ne le soit ni par le premier secouriste, ni par le second, ni par le troisième... :

$$\Pr\{\overline{R} \mid N\} = \frac{6}{10} \times \frac{6}{10} \times \frac{6}{10} \dots = \left(\frac{6}{10}\right)^{10} \approx 0{,}006.$$

L'événement contraire de celui-ci est que la personne soit retrouvée :

$$\Pr\{R \mid N\} = 1 - \left(\frac{6}{10}\right)^{10} \approx 0{,}994.$$

b) On calcule de même :

$$\Pr\{\overline{R} \mid S\} = \left(\frac{6}{10}\right)^{5} \approx 0{,}078$$

et :

$$\Pr\{R \mid S\} = 1 - \left(\frac{6}{10}\right)^{5} \approx 0{,}922.$$

c) On peut retrouver la personne (figure 40) :

- Si elle est sur le versant Nord, $\left(\text{probabilité} : \frac{7}{10}\right)$ avec la probabilité : $1 - \left(\frac{6}{10}\right)^{10}$
- **ou** si elle est sur le versant Sud $\left(\text{probabilité} : \frac{3}{10}\right)$ avec la probabilité : $1 - \left(\frac{6}{10}\right)^{5}$.

	N	S	$\Omega(1)$
R	$0{,}7(1 - 0{,}6^{10})$	$0{,}3\,(1 - 0{,}6^{5})$	0,9724
$\overline{R}$	$0{,}7 \times 0{,}6^{10}$	$0{,}3 \times 0{,}6^{5}$	0,0276
	0,7	0,3	

Figure 40

Donc, la probabilité de retrouver la personne est :

$\Pr\{R\} = \Pr\{N\} \times \Pr\{R \mid N\} + \Pr\{S\} \times \Pr\{R \mid S\}$

$= 0{,}7\,(1 - 0{,}6^{10}) + 0{,}3\,(1 - 0{,}6^{5}) \approx 0{,}9724$

La personne a un peu plus de 97 chances sur 100 d'être retrouvée.

2° On sait que la personne est retrouvée (théorème de Bayes), donc elle était sur le versant Nord avec la probabilité :

$$\Pr\{N \mid R\} = \frac{\Pr\{N\}\,\Pr\{R \mid N\}}{\Pr\{R\}} = \frac{0{,}7\,(1 - 0{,}6^{10})}{0{,}9724} \approx 0{,}715.$$

Si la personne a été retrouvée, il y a environ 7 chances sur 10 que ce soit sur le versant Nord.

3° En raisonnant de la même manière qu'au 1°, on peut dessiner le diagramme de la figure 41 ci-dessous. On trouve :

$$\mathbf{Pr\,\{R\} = 0{,}7\,(1 - 0{,}6^{k}) + 0{,}3(1 - 0{,}6^{15-k})}$$
$$\mathbf{= 1 - 0{,}7.\,0{,}6^{k} - 0{,}3.\,0{,}6^{15-k}.}$$

N. B. Il faut une certaine pratique de l'analyse mathématique pour calculer le nombre optimal de secouristes nécessaires : cela dépasse le cadre du présent ouvrage.

	N	S	$\Omega(1)$
R	$0{,}7\,(1 - 0{,}6^{k})$	$0{,}3(1 - 0{,}6^{15-k})$	$1 - 0{,}7\,.\,0{,}6^{k} - 0{,}3.\,0{,}6^{15-k}$
$\overline{R}$	$0{,}7\,.\,0{,}6^{k}$	$0{,}3\,.\,0{,}6^{15-k}$	
	0,7	0,3	

Figure 41

6. VARIABLES ALÉATOIRES

Rappels

Une variable aléatoire est une grandeur mesurable qui prend des valeurs données avec des probabilités connues. Autrement dit : lorsqu'il existe une partition numérotée sur l'univers des possibles Ω, le numéro est une variable aléatoire (v. a.) la mesure étant la probabilité. On emploie une lettre majuscule pour désigner une variable aléatoire, par opposition à une variable « déterminée » qui est représentée par une lettre minuscule. x est donc la réalisation de X.

1. Variables aléatoires discrètes

On dit que l'on connait la **loi de probabilité d'un v.a.** lorsque à chaque valeur de la variable aléatoire correspond une probabilité. La loi de probabilité est connue lorsqu'on dispose :

- des valeurs de la variable aléatoire (isolées ou regroupées par classes),
- des mesures correspondantes (les probabilités).

On dispose en général les lois de probabilité sous forme de tableau (ou de diagramme structuré).

Exemple : A la fin d'une soirée, la police enquête sur la consommation de champagne. Pour les participants de la soirée, les probabilités d'avoir bu *x* verres de champagne sont :

x	0	1	2	3
$\Pr\{X = x\}$	$\frac{1}{30}$	$\frac{7}{30}$	$\frac{7}{15}$	$\frac{4}{15}$

ou :

$X = 0$	$X = 1$	$X = 2$	$X = 3$	
$\frac{1}{30}$	$\frac{7}{30}$	$\frac{7}{15}$	$\frac{4}{15}$	Ω

La somme des probabilités doit être égale à 1.

On appelle **fonction de répartition** d'une variable aléatoire X la fonction qui à toute valeur x possible de X fait correspondre la probabilité pour que X soit inférieur ou égal à x :

$$F(x) = \Pr\{ X \leq x \}$$

Exemple : $F(2) = \frac{11}{15}$: il y a 11 chances sur 15 pour qu'une personne prise au hasard ait bu au maximum 2 verres de champagne.
(Cf. chapitre 2§ 5 : en calcul des probabilités, la *moyenne* reçoit le nom d'**espérance mathématique**. Il s'agit de la moyenne des valeurs que prendrait, dans la suite, la variable aléatoire si l'on faisait un nombre infini d'épreuves. L'espérance mathématique de la variable aléatoire X s'écrit $E(X)$. On lit : « E de X » ou « espérance mathématique de X ».

Dans le cas de l'exemple, on calcule :

$$E(X) = \frac{1}{30} \times 0 + \frac{7}{30} \times 1 + \frac{7}{15} \times 2 + \frac{4}{15} \times 3 \ = \frac{59}{30} \approx 1{,}97 .$$

Si la police enquête sur un grand nombre d'invités, elle trouvera qu'ils ont bu en moyenne 1,97 verre de champagne. Aucun n'a bu exactement ce nombre, mais l'espérance mathématique représente une moyenne *a priori*.

L'espérance mathématique d'une variable aléatoire est la somme des valeurs possibles de cette variable, pondérées par leurs probabilités.

On peut parler de **médiane** ou de **mode** pour une v. a., mais c'est peu usuel.
La **variance d'une v. a.** est l'espérance mathématique du carré des écarts de cette variable à la moyenne. On démontre qu'on peut la calculer comme l'espérance mathématique du carré de la v. a., diminuée du carré de l'espérance mathématique :

$$V(X) = E[(X - E(X)^2] = E(X^2) - [E(X)]^2$$

Dans le cas de l'exemple, on calcule :

$$E(X^2) = \frac{1}{30} \times 0^2 + \frac{7}{30} \times 1^2 + \frac{7}{15} \times 2^2 + \frac{4}{15} \times 3^2 \ = \frac{135}{30} = 4{,}5$$

$$V(X) = 4{,}5 - \left(\frac{59}{30}\right)^2 \approx 0{,}6222$$

L'**écart-type** est la racine carrée de la variance :

$$\sigma(X) = \sqrt{V(X)}$$

Dans le cas de l'exemple :

$$\sigma(X) = \sqrt{V(X)} \approx \sqrt{0{,}622} \approx 0{,}7951 .$$

L'écart type se mesure dans la même unité que la variable. Ici, il est de 0,80 verre de champagne.

2. Variables aléatoires continues regroupées par intervalles numérotés

Une variable aléatoire continue X peut être une longueur, une masse, une température... ; entre deux valeurs données de la variable, il peut toujours exister une valeur intermédiaire possible. On peut regrouper les valeurs possibles en intervalles numérotés.

On peut traduire la loi de cette variable aléatoire par un diagramme structuré complet analogue à celui de la figure 1 (exemple les masses possibles d'un poulet, en grammes).

$X \in [500 ; 800]$	$X \in]800 ; 1\,000]$	$X \in]1\,000 ; 1\,250]$	$X \in]1\,250 ; 1\,400]$	$X \in]1\,400 ; 1\,700[$	
$\frac{1}{8}$	$\frac{1}{2}$	$\frac{1}{8}$	$\frac{1}{8}$	$\frac{1}{8}$	Ω

Figure 1

Les **histogrammes** sont surtout employés en statistique (cf. chapitre 8. §2), mais on peut représenter une distribution de probabilité par un histogramme ; *la mesure est la probabilité.* On appelle *amplitude* de l'intervalle la différence entre les deux valeurs qui le limitent.

On place en abscisse la variable, et en ordonnée la probabilité lorsque les intervalles ont la même amplitude. Sinon, il faut que la même aire représente la même probabilité dans chaque bande : on choisit une unité d'amplitude et on place en ordonnée une hauteur h_i de bande de façon que :

$$hi = \frac{\text{Probabilité de } l_i}{\text{Nombre d'unités d'amplitude de } l_i}$$

On définit la **fonction de répartition** d'une variable aléatoire continue de la même manière que dans le cas discret. C'est la fonction, définie sur $\mathbb{R}^+$, qui représente la probabilité pour que X soit inférieure ou égale à x :

$$F(x) = \Pr\{X \leq x\}.$$

On calcule l'**espérance mathématique** : on multiplie la probabilité pour que x soit dans un intervalle par la moyenne des extrémités de cet intervalle, ce qui revient à remplacer chaque intervalle par son centre et à appliquer la même formule que précédemment.

Dans le cas de l'exemple, on remplace chaque intervalle par son centre :

650	900	1125	1325	1550	
$\frac{1}{8}$	$\frac{1}{2}$	$\frac{1}{8}$	$\frac{1}{8}$	$\frac{1}{8}$	Ω

D'où l'espérance mathématique :

$$E(X) = \frac{1}{8} \cdot 650 + \frac{1}{2} \cdot 900 + \frac{1}{8} \cdot 1\,125 + \frac{1}{8} \cdot 1\,325 + \frac{1}{8} \cdot 1\,550$$
$$= 81{,}2 + 450 + 140{,}625 + 165{,}625 + 193{,}75 = 1\,031{,}25$$

Si l'on prend un poulet au hasard un grand nombre de fois, en moyenne les poulets ainsi choisis pèseront 1 031,25 grammes.

Pour la **variance** et l'**écart type**, on utilise les formules précédentes en prenant les centres d'intervalles, comme il vient d'être fait pour l'espérance mathématique.

EXERCICES

⑥°① J'ai cinq voitures à louer à la journée. Chaque jour, j'ai une chance sur dix d'en louer aucune, une ou cinq, deux chances sur dix d'en louer deux ou trois, et trois chances sur dix d'en louer quatre.
1° Expliciter la loi de probabilité de X, nombre de voitures louées un jour donné, et donnez son espérance mathématique, son étendue, sa variance et son écart-type.
2° Un matin, j'ai deux voitures en panne. Quelle est la probabilité pour que:
- je loue toutes les autres,
- je ne puisse pas satisfaire toutes les demandes ?

3° La location d'une voiture rapporte 390 F par jour. Etudiez la variable aléatoire Y, bénéfice total quotidien.

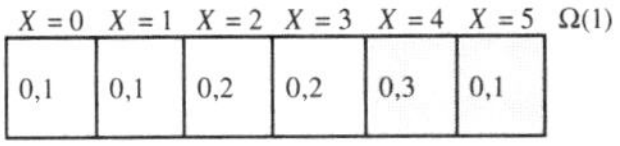

Figure 1

1° On peut traduire l'énoncé par la loi de probabilité suivante :

x	0	1	2	3	4	5
Pr $\{X = x\}$	0,1	0,1	0,2	0,2	0,3	0,1

qui peut se représenter par le diagramme structuré de la figure 1.

D'où l'espérance mathématique de X :

$$E(X) = 0 \times 0,1 + 1 \times 0,1 + 2 \times 0,2 + 3 \times 0,2 + 4 \times 0,3 + 5 \times 0,1 = 2,8 \text{ voitures}$$

L'étendue est 5 - 0 = 5 et la variance :

$$V(X) = 0^2 \times 0,1 + 1^2 \times 0,1 + 2^2 \times 0,2 + 3^2 \times 0,2 + 4^2 \times 0,3 + 5^2 \times 0,1 = 10$$

d'où l'écart type :

$$\sigma = \sqrt{(10)} = 3,16 \text{ voitures.}$$

En moyenne, sur un grand nombre de jours, je louerai 2,8 voitures par jour. Je peux en louer de 0 à 5 et l'écart type est 3,16 voitures.

2° On peut supposer que la demande suit la loi de probabilité de X. Dans ce cas, la probabilité pour que je loue les trois voitures qui restent est **0,6** (0,2 + 0,3 + 0,1). La probabilité pour que je ne satisfasse pas la demande est :

$$0,3 + 0,1 = \mathbf{0,4.}$$

3° On a $Y = 390\,X$. La loi de probabilité de Y est donc :

y	0	390	780	1 170	1 560	1 950
Pr $\{Y = y\}$	0,1	0,1	0,2	0,2	0,3	0,1

et son espérance mathématique est :

$$E(Y) = 390 \times 2,8 = 1\,089$$

On peut aussi calculer l'écart-type qui représente 390 fois celui de X.

(Note : la variance de Y est 390^2 fois celle de X).

$$\sigma_x = 1\ 233{,}29 \text{ F}$$

En moyenne, le bénéfice sera de 1 089 F par jour, avec un écart type de 1 233,29 F.

⑥°② On lance un dé ordinaire à 6 faces. Soit X la variable aléatoire « numéro indiqué ». Étudiez cette variable aléatoire avec :
1° Distribution de probabilité et diagramme à bâtons.
2° Fonction de répartition.
3° Caractéristiques de tendance centrale.
4° Caractéristiques de dispersion.

1° (Cf. cours, ch. 5 § 3)
La probabilité pour que chacune des six faces soit retournée est la même, à condition que le dé soit « parfait »; cette probabilité est 1/6.

D'où la distribution de probabilités :

x	1	2	3	4	5	6
$\Pr\{X = x\}$	$\frac{1}{6}$	$\frac{1}{6}$	$\frac{1}{6}$	$\frac{1}{6}$	$\frac{1}{6}$	$\frac{1}{6}$

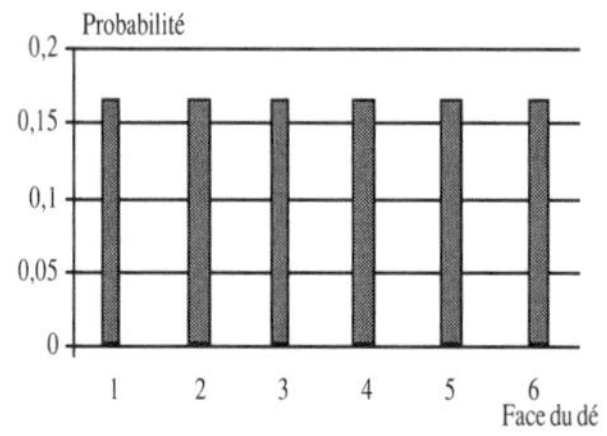

Figure 2

Le diagramme de la figure 2 s'en déduit aisément. Il ne faut pas négliger, même sur un diagramme aussi simple, la signification des axes et les unités.

2° La fonction de répartition est, pour X variable discrète :

$$F(x) = \Pr\{X \leq x\}$$

$$F(0) = 0,$$

$$F(1) = \Pr\{X \leq 1\} = \frac{1}{6},$$

$$F(2) = \Pr\{X \leq 2\} = \frac{2}{6},$$

$$F(3) = \Pr\{X \leq 3\} = \frac{3}{6},$$

$$F(4) = \Pr\{X \leq 4\} = \frac{4}{6},$$

$$F(5) = \Pr\{X \leq 5\} = \frac{5}{6},$$

$$F(6) = \Pr\{X \leq 6\} = \frac{6}{6} = 1,$$

$$F(7) = \Pr\{X \leq 7\} = 1.$$

3° On peut calculer l'**espérance mathématique** de cette variable aléatoire :

$$E(X) = \frac{1}{6} \times 1 + \frac{1}{6} \times 2 + \frac{1}{6} \times 3 + \frac{1}{6} \times 4 + \frac{1}{6} \times 5 + \frac{1}{6} \times 6$$

$$\frac{21}{6} = \frac{7}{2}$$

Seule l'espérance mathématique est une caractéristique de tendance centrale usuelle en ce qui concerne les variables aléatoires.

Si on lance un grand nombre de fois le dé, la valeur moyenne de la face retournée est 7/2, soit 3,5 points. Il s'agit d'une valeur qu'on ne peut jamais trouver, mais qui représente la moyenne de ce qu'on peut *espérer* trouver, sur un grand nombre de tirages.
Il n'y a pas de **mode**, car aucune valeur n'est plus probable que les autres. La **médiane**, qui correspond à la fonction de répartition égale à 0,5, est 3 points.
4° L'étendue est :

$$W(X) = 6 - 1 = 5 \text{ points.}$$

La variance : $V(X)$

$$= \frac{1}{6} \times 1^2 + \frac{1}{6} \times 2^2 + \frac{1}{6} \times 3^2 + \frac{1}{6} \times 4^2 + \frac{1}{6} \times 5^2 + \frac{1}{6} \times 6^2 - \left(\frac{7}{2}\right)$$

$$= \frac{91}{6} - 12{,}25 \approx 2{,}917$$

et l'écart type :

$$\sigma(X) = \sqrt{(V(X))} \approx 1{,}71 \text{ point}$$

Si on lance un grand nombre de fois le dé, la valeur moyenne de la face retournée est 7/2, soit 3,5 points; le nombre de points s'écarte rarement de plus de 1,71 point de cette valeur.

⑥°③ Lors d'une kermesse destinée à récolter des fonds pour les ouvriers sociaux de la mairie, un conseiller municipal propose le jeu suivant. Une boîte contient six boules numérotées de 1 à 6. Une deuxième boîte contient quatre autres boules numérotées de 1 à 4. A l'intérieur d'une même boîte, toutes les boules ont la même probabilité d'être tirées. Chaque joueur paie 1 F et prélève au hasard une boule de la première boîte puis une boule de la seconde. On calcule la différence entre le nombre indiqué sur la première boule et celui indiqué sur la seconde boule. Si ce nombre est positif, le joueur reçoit une source en francs égale à ce nombre; s'il est négatif, c'est lui qui paie la somme ainsi calculée.
1° Calculez la probabilité pour que les deux numéros soient identiques.
2° Déterminez la loi de probabilité de X, différence des nombres indiqués sur les boules.
3° Donnez l'espérance mathématique de gain du joueur; est-il intéressant pour la mairie de proposer ce jeu?
4° La mairie vous demande de transformer ce jeu de façon que la municipalité gagne en moyenne au moins 1 F par joueur. Que proposez-vous?

	1	2	3	4	5	6
1	0	+1	+2	+3	+4	5
2	-1	0	+1	+2	+3	4
3	-2	-1	0	1	2	3
4	-3	-2	-1	0	1	2

Figure 3

On peut sur un dessin (qui n'est pas un diagramme de Venn) indiquer les gains du joueur selon la figure retournée sur chaque dé (figure 3); dans chaque case, la probabilité est $\frac{1}{24}$.

1° Il y a (6 **x** 4 =) 24 cas possibles parmi lesquels, 4 (ombrés sur la figure 3) sont tels que les deux boules présentent des numéros identiques (deux 1, deux 2, deux 3 ou deux 4). La probabilité est :

$$\frac{4}{24} = \mathbf{\frac{1}{6}}.$$

Il y a une chance sur six pour que le joueur n'ait rien à donner ni à recevoir.

2° En groupant les gains de même valeur, on détermine la loi de probabilité de X :

▼ *Vérifier que le total est bien* $\frac{24}{24}$!

x	-3	-2	-1	0	1	2	3	4	5
Pr $\{X = x\}$	$\frac{1}{24}$	$\frac{2}{24}$	$\frac{3}{24}$	$\frac{4}{24}$	$\frac{4}{24}$	$\frac{4}{24}$	$\frac{3}{24}$	$\frac{2}{24}$	$\frac{1}{24}$
y	-4	-3	-2	-1	0	1	2	3	4

3° On calcule, avec Y gain du joueur (dont la loi est inscrite sur le tableau ci-dessus). $Y = X - 1$.

$$\mathrm{E}\,(Y) = \mathrm{E}\,(X) - 1$$

▼ *L'espérance mathématique de :*
$Y = aX + b$
est :
$\mathrm{E}\,(Y) = a\,\mathrm{E}\,(X) + b.$

La mairie n'a aucun intérêt à proposer ce jeu, car elle n'y gagne rien, si le nombre de joueurs est important.

4° On peut proposer le même jeu, à condition que chaque joueur paie, par exemple, 2 F. Alors l'espérance mathématique du gain du joueur est -1 F et celle de la mairie de 1 F par joueur.
On peut aussi inventer d'autres jeux !

⑥°④ Antoine a douze ans. Il passe un dimanche après-midi seul à la maison pour préparer son contrôle d'histoire et géographie du lendemain... Dans le congélateur se trouve une boîte de 3 esquimaux vanille-chocolat. Il y a une chance sur 3 pour qu'il n'y pense pas, une chance sur 4 pour qu'il en mange un et une chance sur 4 pour qu'il en mange deux.
1° Quelle est la probabilité pour qu'il mange tout?
2° Calculez l'espérance mathématique de la variable aléatoire « nombre d'esquimaux consommés ».

3° Calculez l'espérance mathématique de la variable aléatoire « nombre d'esquimaux restants ».
4° Y a-t-il une relation entre ces deux résultats ? Pourquoi ?
5° Quelle est la probabilité pour qu'il mange tout, s'il en a mangé au moins un ?

$X = 0$	$X = 1$	$X = 2$	$X = 3$	
$\frac{1}{3}$	$\frac{1}{4}$	$\frac{1}{4}$	$\frac{1}{6}$	$\Omega(1)$
$Y = 3$	$Y = 2$	$Y = 1$	$Y = 0$	

Figure 4

1° « Antoine mange tout » est l'événement contraire des événements cités dans l'énoncé. Donc :

$$\text{Pr } \{\text{Antoine mange tout}\} = 1 - \frac{1}{3} - \frac{1}{4} - \frac{1}{4} = \mathbf{\frac{1}{6}}$$

2° Écrivons la loi de probabilité de la variable aléatoire X « nombre d'esquimaux consommés » :

x	0	1	2	3
Pr $\{X = x\}$	$\frac{1}{3}$	$\frac{1}{4}$	$\frac{1}{4}$	$\frac{1}{6}$

On peut dessiner le diagramme de la figure 4.

Donc : $E(X) = \frac{1}{3} \times 0 + \frac{1}{4} \times 1 + \frac{1}{4} \times 2 + \frac{1}{6} \times 3$

$= 1{,}25$ esquimau.

Si Antoine était laissé dans cette situation un grand nombre de fois, en moyenne il consommerait 1,25 esquimau.

3° Soit Y la variable aléatoire : « nombre d'esquimaux restants ». Sa loi s'écrit (voir la figure 4) :

y	0	1	2	3
Pr $\{Y = y\}$	$\frac{1}{6}$	$\frac{1}{4}$	$\frac{1}{4}$	$\frac{1}{3}$

et son espérance mathématique est :

$$E(Y) = \frac{1}{6} \times 0 + \frac{1}{4} \times 1 + \frac{1}{4} \times 2 + \frac{1}{3} \times 3 = \mathbf{1{,}75.}$$

Si Antoine était dans cette situation un grand nombre de fois, sa mère retrouverait 1,75 esquimau en moyenne dans le congélateur.

4° On a : **$E(X) + E(Y) = 3$** de même qu'on avait :

$X + Y = 3.$

Note. Ce résultat est général. L'espérance mathématique de la somme des deux ou plusieurs variables aléatoires est égale à la somme des espérances mathématiques de ces variables.

5° On sait qu'Antoine a mangé un esquimau, $X \geq 1$, et on cherche la probabilité pour qu'il mange les trois :

$$\text{Pr } \{X = 3 \mid X \geq 1\} = \frac{\frac{1}{6}}{\frac{1}{4} + \frac{1}{4} + \frac{1}{6}} = \frac{1}{4}$$

Si Antoine a mangé un esquimau, il a une chance sur 4 d'en avoir mangé trois.

⑥°⑤ Un tireur atteint une cible avec une probabilité de $\frac{3}{5}$; déterminez le nombre minimal de tirs nécessaires pour qu'il atteigne la cible au moins une fois avec une probabilité au moins égale à 0,9.

Soit X la variable aléatoire : nombre de tirs.
Si le tireur n'agit qu'une fois, $X = 1$, il a une probabilité $\frac{3}{5}$ d'atteindre la cible.
Si $X = 2$, le tireur peut atteindre la cible la première fois et non la deuxième, la deuxième et non la première ou les deux fois; il a une probabilité :

$$\left(\frac{3}{5}\right)^2 + \frac{3}{5}\frac{2}{5} + \frac{2}{5}\frac{3}{5} = \frac{21}{25} = 0{,}84$$

de l'atteindre. Cette probabilité n'est pas encore 0,9 : on peut continuer ainsi, mais cela se complique !
Il est plus rapide de chercher la probabilité de l'événement contraire : il n'atteint pas la cible une seule fois.

Si $X = 1$, il a la probabilité 2/5 de ne pas atteindre la cible.
Si $X = n$, il a la probabilité : $\left(\frac{2}{5}\right)^n$

de ne pas atteindre la cible.
Avec une calculatrice, on cherche les valeurs successives de $2/5^n$, jusqu'à ce que cette probabilité soit inférieure à 0,1 (1 - 0,9) :
0,4 0,16 0,064...
On voit qu'au troisième coup la probabilité de n'avoir jamais atteint la cible est inférieure à 0,1.

Il faut que le tireur agisse au moins trois fois pour qu'il ait une probabilité supérieure à 0,9 (en fait 0,936) **d'atteindre la cible.**

⑥°⑥ Pierre joue à la loterie. Il peut soit gagner une bouteille de champagne qui vaut 100 F (une chance sur 10), soit gagner un vase persan d'une valeur de 10 F (4 chances sur 10), soit encore ne rien gagner.
1° Quelle est la probabilité de ne rien gagner ?
2° Conseilleriez-vous à Pierre de jouer à cette loterie si cela coûtait 15 F d'y participer ? Si cela coûtait 13 F ? Si cela coûtait 10 F ? Si cela coûtait 5 F ?
(On calculera l'espérance mathématique du gain).

1° On peut tracer le diagramme de Venn de la figure 5, en désignant les événements :
C : Pierre gagne une bouteille de champagne,

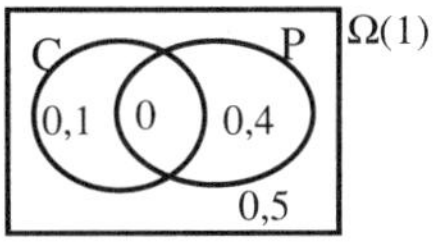

Figure 5

P : Pierre gagne un vase persan.

On peut admettre, car c'est usuel dans les loteries, que Pierre ne peut gagner les deux lots :

$$\text{Pr}\ \{C \text{ et } P\} = 0$$

Les événements C et P sont incompatibles. Alors :

Pr {*C* ou *P*} = Pr {*C* } + Pr {*P* } = 0,1 + 0,4 = 0,5.

La probabilité de ne rien gagner est celle de l'événement contraire :

$$\text{Pr}\ \{\overline{C \text{ ou } P}\} = 1 - 0{,}5 = 0{,}5.$$

Pierre a une chance sur deux de ne rien gagner.

2° Si Pierre ne s'intéresse ni au champagne ni aux vases, il revendra son lot; sinon, il pourrait acheter directement une bouteille ou un vase. Pour que cela vaille la peine de jouer, il faut que l'espérance mathématique du gain (le gain moyen que Pierre aurait s'il jouait une grande quantité de fois) soit supérieure au prix à payer.

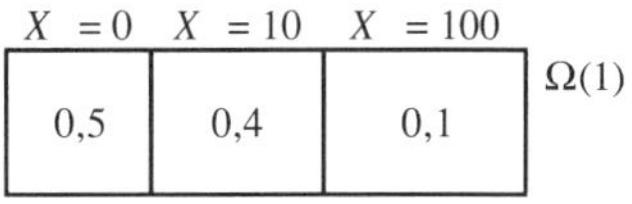

Figure 6

Ecrivons la loi de probabilité de la variable aléatoire *X*, valeur du lot gagné. Cette variable peut prendre trois valeurs : 0 (Pierre perd), 10 (il gagne un vase), 100 (il gagne une bouteille de champagne). On écrit les probabilités correspondantes :

x	0	10	100
Pr { $X = x$ }	0,5	0,4	0,1

et on calcule l'espérance mathématique de *X* :

$$E\,(X) = 0{,}50 \times 0 + 0{,}4 \times 10 + 0{,}1 \times 100 = 14.$$

En moyenne, si Pierre jouait un grand nombre de fois, il gagnerait **14 F.**

Je conseillerais donc à Pierre de participer à la loterie si cela coûtait moins de 14 F : oui donc, si cela coûtait 13 F, 10 F et *a fortiori* 5 F et non, si cela coûtait 15 F.

N.B. Pierre ne joue qu'une fois. Il doit donc réfléchir, car, il a une chance sur deux de perdre sa mise... cela, indépendamment du plaisir de jouer.

⑥°⑦ Trois sous-marins d'importance différente quittent un port pour tenter de couler un vaisseau ennemi. Simultanément, les trois sous-marins lancent une première torpille. Le premier sous-marin a une chance sur deux de toucher le vaisseau, le deuxième a deux chances sur cinq d'en faire autant, et le troisième trois chances sur dix. Les résultats des tirs sont indépendants.

1° Tracez le diagramme de Venn complet de cette situation.

2° Soit X le nombre de torpilles touchant le vaisseau. Quelle est la distribution de probabilité de cette variable aléatoire ?

3° Diagramme à bâtons.

4° Espérance mathématique de X.

5° Sachant que le vaisseau est touché, quelle est la probabilité pour que le premier sous-marin ait réussi son coup ?

6° Sachant que le vaisseau est touché par deux torpilles exactement, quelle est la probabilité pour que ce soit le troisième sous-marin qui l'ait manqué ?

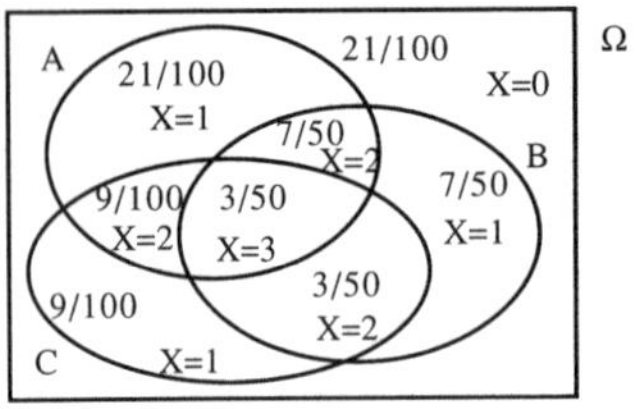

Figure 7

1° Définissons les événements :

A : le premier sous-marin atteint le vaisseau,
B : le deuxième sous-marin atteint le vaisseau,
C : le troisième sous-marin atteint le vaisseau.

On peut tracer le diagramme de Venn de la figure 7, en commençant par noter les probabilités des événements simultanés :

$$\Pr\{A \text{ et } B \text{ et } C\} = \frac{1}{2} \times \frac{2}{5} \times \frac{3}{10} = \frac{3}{50}$$

$$\Pr\{A \text{ et } C\} = \frac{1}{2} \times \frac{3}{10} = \frac{3}{20}$$

$$\Pr\{A \text{ et } B\} = \frac{1}{2} \times \frac{2}{5} = \frac{1}{5}$$

$$\Pr\{B \text{ et } C\} = \frac{2}{5} \times \frac{3}{10} = \frac{3}{25}$$

Indiquons comment ont été effectués les calculs sur ce diagramme en prenant l'exemple des parties connexes dont la réunion représente A :

$$\Pr\{A \text{ et } B \text{ et } C\} = \frac{3}{50}$$

$$\Pr\{(A \text{ et } B) \setminus (A \text{ et } B \text{ et } C)\} = \frac{1}{5} - \frac{3}{50} = \frac{7}{50}$$

$$\Pr\{(A \text{ et } C) \setminus (A \text{ et } B \text{ et } C)\} = \frac{3}{20} - \frac{3}{50} = \frac{9}{100}$$

$$\Pr\{(A \setminus (B \text{ ou } C)\} = \frac{1}{2} - \frac{3}{50} - \frac{7}{50} - \frac{9}{100} = \frac{21}{100}$$

On peut aussi calculer :

$$\Pr\{\overline{A} \text{ et } \overline{B} \text{ et } \overline{C}\} = \Pr\{\overline{A}\} \times \Pr\{\overline{B}\} \times \Pr\{\overline{C}$$
$$= \frac{1}{2} \times \frac{3}{5} \times \frac{7}{10} = \frac{21}{100}$$

ou encore :

$$\Pr\{\overline{A} \text{ et } \overline{B} \text{ et } \overline{C}\} = \Pr\{\overline{A \text{ ou } B \text{ ou } C}\}$$
$$= 1 - \Pr\{A \text{ ou } B \text{ ou } C\}$$
$$= 1 - \left(\frac{1}{2} + \frac{2}{5} + \frac{3}{10} - \frac{3}{25} - \frac{3}{20} - \frac{1}{5} + \frac{3}{50}\right)$$
$$= 1 - \frac{79}{100} = \frac{21}{100}.$$

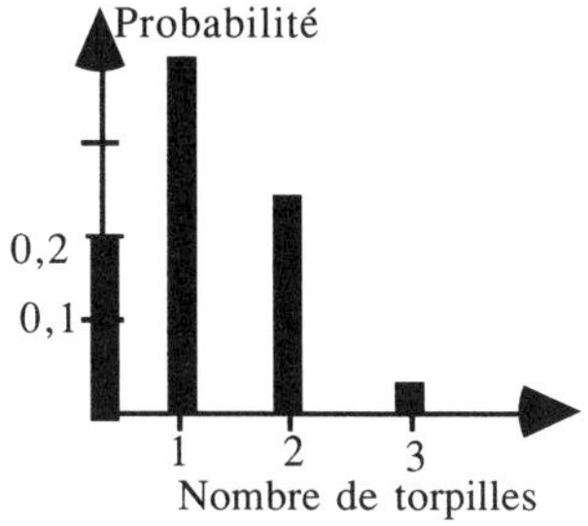

Figure 8

2° Si l'on a dessiné le digramme complet, le calcul est facile !

Les valeurs de la variable aléatoire X sont indiquées sur le diagramme ; on peut donc écrire la loi de probabilité, en additionnant les probabilités relatives à chaque valeur.

x	0	1	2	3
$\Pr\{X = x\}$	0,21	0,44	0,29	0,06

3° On peut en déduire le diagramme en bâtons de la figure 8.

4° $E(X) = 0 \times 0{,}21 + 1 \times 0{,}44 + 2 \times 0{,}29 + 3 \times 0{,}06 = 1{,}2.$

Si l'on faisait un grand nombre d'expériences semblables, en moyenne le vaisseau recevrait 1,2 torpille.

5° La probabilité est :

$$\Pr\{A \mid «A \text{ ou } B \text{ ou } C»\} = \frac{\Pr\{A\}}{\Pr\{A \text{ ou } B \text{ ou } C\}} = \frac{\Pr\{A\}}{1 - \Pr\{X = 0\}} = \frac{\frac{1}{2}}{\frac{79}{100}} = \mathbf{\frac{50}{79}} \approx \mathbf{0{,}63.}$$

Si le vaisseau est touché, il y a environ 63 chances sur 100 pour qu'il l'ait été au moins par une torpille provenant du premier sous- marin.

6° Il s'agit encore d'une probabilité conditionnelle ; si le troisième sous-marin l'a manqué, cela signifie qu'il a été atteint par les deux premiers.

$$\Pr\{A \text{ et } B \mid «X = 2»\} = \frac{\Pr\{«A \text{ et } B» \text{ et } «X = 2»\}}{\Pr\{X = 2\}} = \frac{\frac{7}{50}}{\frac{29}{100}} = \mathbf{\frac{14}{29}} \approx \mathbf{0{,}48.}$$

Si le vaisseau a été atteint par deux torpilles, il y a près d'une chance sur deux pour que celles-ci proviennent des deux premiers sous-marins et que le troisième l'ait manqué.

⑥°⑧ Un cargo décharge sa marchandise dans le port de Kali. Une fois sur dix, il prend un jour de retard pour mauvais temps. Une fois sur cinq, il en prend un pour cause technique (grue en panne par exemple), et trois fois sur dix enfin, il prend un jour de retard pour raison de grève. Ces trois causes de retard sont *indépendantes* et le nombre de jours effectifs de retard peut ainsi varier de 0 à 3.

1° Soit X la variable aléatoire : « nombre total de jours de retard ». Diagramme à bâtons de X.

2° Espérance mathématique de X et écart type.

3° Sachant qu'il y a du retard, quelle est la probabilité pour que les dockers soient en grève ?

4° Sachant qu'il y a exactement deux jours de retard, quelle est la probabilité pour que les conditions météorologiques soient bonnes ?

5° Un armateur possède deux cargos qui arrivent deux jours différents à Kali. Soit Y la variable aléatoire « nombre total de jours de retard pour le déchargement des deux cargos ». Donnez la loi de probabilité de Y; calculez son espérance mathématique et son écart type.

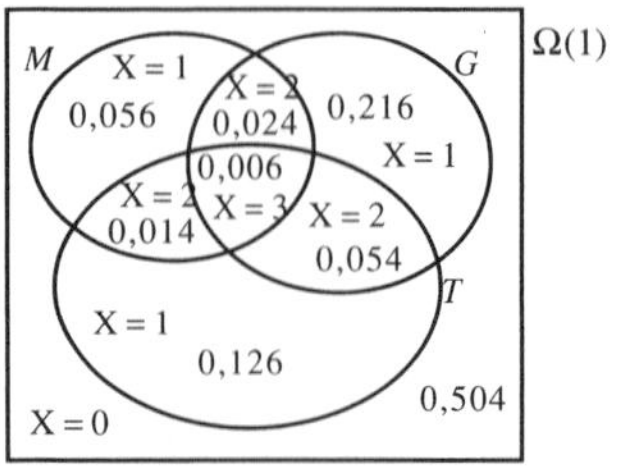

Figure 9

On peut désigner les événements :

M : le déchargement est retardé d'un jour à cause du mauvais temps,

G : le déchargement est retardé d'un jour à cause d'une grève,

T : le déchargement est retardé d'un jour pour une cause technique,

et dessiner le diagramme de Venn de la figure 9 que l'on complète en observant que les événements M, G et T sont indépendants, donc :

$\Pr\{G\} = 0,3 \quad \Pr\{M\} = 0,1 \quad \Pr\{T\} = 0,2$

$$\Pr\{M \text{ et } G\} = \frac{1}{10} \times \frac{3}{10} = \frac{3}{100} = 0,03$$

$$\Pr\{M \text{ et } T\} = \frac{1}{10} \times \frac{1}{5} = \frac{1}{50} = 0,02$$

$$\Pr\{M \text{ et } G \text{ et } T\} = \frac{3}{10} \times \frac{1}{5} \times \frac{1}{10} = \frac{3}{500} = \Pr\{X = 3\} = 0,006.$$

On écrit les probabilités par soustraction à partir de cette dernière.

On peut aussi dessiner un arbre (figure 10). Les probabilités sont obtenues alors par multiplication.

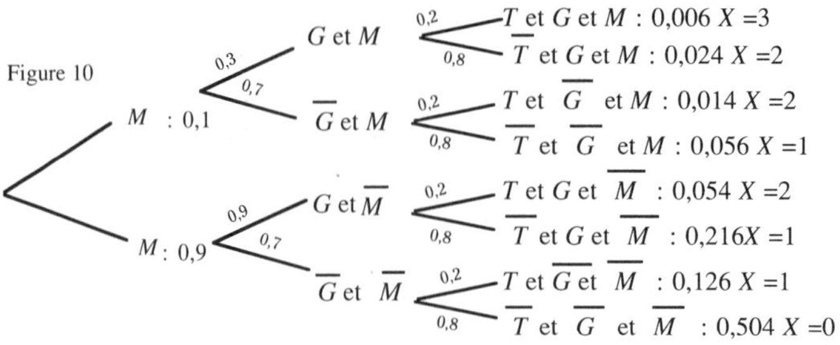

Figure 10

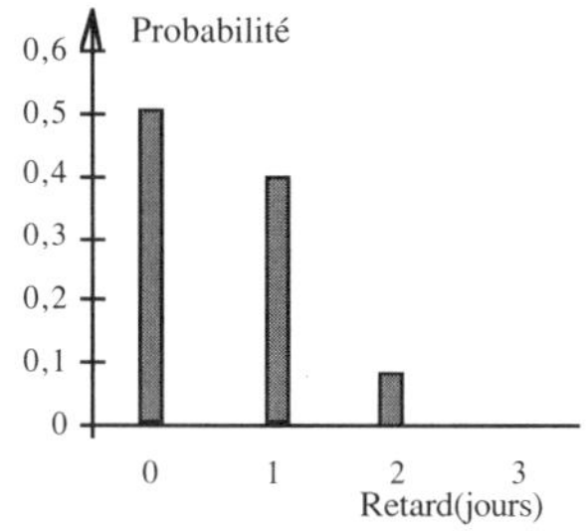

Figure 11

	0	1	2	3
0	$Y = 0$	$Y = 1$	$Y = 2$	$Y = 3$
1	$Y = 1$	$Y = 2$	$Y = 3$	$Y = 4$
2	$Y = 2$	$Y = 3$	$Y = 4$	$Y = 5$
3	$Y = 3$	$Y = 4$	$Y = 5$	$Y = 6$

Figure 12

On en déduit la loi de probabilité de X :

x	0	1	2	3
$\Pr\{X = x\}$	0,504	0,398	0,092	0,006

D'où le diagramme à bâtons de la figure 11.

2° On peut calculer l'espérance mathématique de X :

$$E(X) = 0 \times 0{,}504 + 1 \times 0{,}398 + 2 \times 0{,}092 + 3 \times 0{,}006$$
$$= 0{,}6 \text{ jour.}$$

et sa variance :

$$V(X) = 0^2 \times 0{,}504 + 1^2 \times 0{,}398 + 2^2 \times 0{,}092$$
$$+ 3^2 \times 0{,}006 = 0{,}82$$

d'où l'écart-type :

$$\sigma_x = \sqrt{(0{,}82)} = 0{,}9 \text{ jour.}$$

En moyenne, sur un grand nombre de déchargements, un cargo est retardé de 0,6 jour, mais ce nombre moyen est souvent augmenté ou diminué de près d'un jour (0,9).

3° Il y a du retard, donc X n'est pas nul. La probabilité pour que les dockers soient en grève est :

$$\frac{\Pr\{G\}}{\Pr\{X \geq 1\}} = \frac{0{,}3}{1 - 0{,}504} \approx 0{,}605.$$

S'il y a eu du retard, la probabilité pour que les dockers soient en grève est d'environ 0,6.

4° On sait que $X = 2$. La probabilité cherchée s'écrit :

$$\Pr\{\overline{M} \mid X = 2\}.$$

C'est :

$$\Pr\{\overline{M} \mid X = 2\} = \frac{\Pr\{«X = 2» \text{ et } \overline{M}\}}{\Pr\{X = 2\}}$$
$$= \frac{\{\Pr \overline{M} \text{ et} G \text{ et} \overline{T}\}}{\Pr\{X = 2\}}$$
$$= \frac{0{,}054}{0{,}092} = \frac{27}{46} \approx 0{,}587.$$

Il y a environ 587 chances sur 1000 pour que les conditions météorologiques soient bonnes, bien que le déchargement ait eu deux jours de retard.

5° Pour connaître les valeurs de Y, on peut dessiner des figures. La figure 12 indique les valeurs de la v. a. La figure 13 est le diagramme structuré complet donnant les probabilités approchées, obtenues en faisant les produits des probabilités marginales, puisque les retards des deux cargos sont indépendants. Les événements « Le retard du premier cargo (du second cargo) a été de n jours » sont indiqués par les nombres n. En additionnant, on en déduit la loi de probabilité de Y :

y	0	1	2	3	4	5	6
$\Pr\{Y = y\}$	0,254	0,402	0,25	0,08	0,012	0,001	0,00004

Les nombres de jours de retard au total les plus probables sont 0, 1 et 2.

L'espérance mathématique de Y est :

$E(Y) = 0 \times 0{,}254 + 1 \times 0{,}402 + 2 \times 0{,}25 + 3 \times 0{,}08 + 4 \times 0{,}012 + 5 \times 0{,}001 + 6 \times 0{,}00004 = 1{,}2$ jour.

et la variance de Y est :

$$V(Y) = 0^2 \times 0{,}254 + 1^2 \times 0{,}402 + 2^2 \times 0{,}25 + 3^2 \times 0{,}08 + 4^2 \times 0{,}012 + 5^2 \times 0{,}001 + 6^2 \times 0{,}00004 = 2{,}3404$$

et l'écart-type :

$$\sigma_y = \sqrt{(2{,}3404)} = 1{,}5 \text{ jour.}$$

Un armateur qui aurait deux cargos arrivant à Kali à la même époque un grand nombre de fois, devrait compter en moyenne sur 1,2 jour, donc un peu plus d'un jour de retard pour le déchargement. Mais l'étendue est de 6 jours, ce qui annonce une grande variété possible. L'écart type permet de préciser qu'il est peu probable que le nombre de jours de retard s'écarte beaucoup de l'intervalle $]\,E(Y) - \sigma_y ; E(Y) + \sigma_y\,[$, soit ici : $]\,0 ; 2{,}8\,[$.

N.B. Le retard de deux cargos a une espérance mathématique double de celle d'un seul cargo :

$$E(Y) = 2\,E(X).$$

	0	1	2	3	Ω(1)
0	0,254	0,201	0,046	0,003	0,504
1	0,201	0,158	0,037	0,002	0,398
2	0,046	0,037	0,008	0,0005	0,092
3	0,003	0,002	0,0005	0,00004	0,006
	0,504	0,398	0,092	0,006	

Figure 13

⑥°⑨ Un immeuble comporte 5 étages identiques et un rez-de-chaussée desservis par un ascenseur. L'ascenseur peut s'arrêter à tous les étages ou au rez-de-chaussée. Lorsque l'ascenseur est à l'arrêt, la probabilité pour qu'il soit à l'étage n $(1 \leq n \leq 5)$ est égale à 0,1. Il met deux secondes pour démarrer, quatre secondes pour se déplacer d'un étage, et deux secondes pour s'arrêter.

1° Quelle est la probabilité pour que l'ascenseur à l'arrêt soit au rez-de-chaussée ?

2° L'ascenseur est à l'arrêt. On l'appelle du rez-de-chaussée.

a) On considère la variable aléatoire « nombre de secondes d'attente » (On admet que ce nombre est nul si l'ascenseur est à l'arrêt au rez-de-chaussée). Donnez la loi de probabilité de cette variable aléatoire.

b) Quelle est la probabilité pour que l'attente soit supérieure à 10 secondes ?

3° Pierre est toujours en retard pour rentrer chez lui. Son appartement est au 5e étage. On suppose que l'ascenseur, rarement utilisé, est à l'arrêt lorsque Pierre arrive. Il faut 5 secondes pour entrer dans l'ascenseur quand celui-ci est au rez-de-chaussée et autant pour en sortir lorsque celui-ci est au 5e étage. Quelle est la probabilité pour que le fait d'habiter au 5e plutôt qu'au rez-de-chaussée - et donc de devoir prendre l'ascenseur - retarde Pierre d'une demi-minute ou plus ? De 40 secondes ou plus ? De plus d'une minute ?

1° Il y a 5 étages. La probabilité pour que l'ascenseur soit à l'arrêt à l'un de ces étages est 0,1 ; donc, la probabilité pour que l'ascenseur soit à un étage est :

$$0{,}1 + 0{,}1 + 0{,}1 + 0{,}1 + 0{,}1 = 0{,}5.$$

S'il n'est pas à un étage, il est au rez-de-chaussée. La probabilité est :

$$1 - 0{,}5 = 0{,}5$$

L'ascenseur, s'il est à l'arrêt, a **une chance sur deux d'être au rez-de-chaussée**.

2° *a)* Si l'ascenseur est au rez-de-chaussée, le temps d'attente est nul. S'il est au 1er, il est de : 2 + 4 + 2 = 8 secondes. S'il est au second, il est de : 2 + 8 + 2 = 12 secondes, etc. On a donc la loi de probabilité de la variable aléatoire X, nombre de secondes d'attente :

Ascenseur	R de C	1	2	3	4	5
x	0	8	12	16	20	24
$\Pr\{X = x\}$	0,5	0,1	0,1	0,1	0,1	0,1

b) L'attente est supérieure à 10 secondes si l'ascenseur est situé plus haut que le premier étage ; la probabilité est **0,4.**

3° Écrivons la loi de probabilité de Y, nombre de secondes de retard pour Pierre, en notant qu'il faut 24 secondes pour que l'ascenseur monte au cinquième et 10 secondes pour qu'il y entre ou qu'il en sorte :

Ascenseur	R de C	1	2	3	4	5
y	34	42	46	50	54	58
$\Pr\{Y = y\}$	0,5	0,1	0,1	0,1	0,1	0,1

Dans tous les cas, Pierre met 34 secondes ou plus pour monter : la probabilité pour qu'il soit **retardé de plus d'une demi-minute est égale à 1**. Il est retardé de plus de 40 secondes si l'ascenseur n'est pas au rez-de-chaussée : probabilité 1/2**.** Il ne peut pas être retardé de plus de 58 secondes : **la probabilité pour qu'il soit retardé de plus d'une minute est nulle**.

6°10 Il y a en Chine nettement plus de naissances de garçon que de filles. Pour étudier ce phénomène, un démographe observe le village de Chin-Tchoun pendant deux années consécutives. Curieusement, il y naît exactement 4 bébés par jour.
1° Sur ces deux ans, le démographe a observé qu'il y a eu 145 jours où 4 garçons sont nés. Quelle est la probabilité p de naissance d'un garçon ? (On assimile la fréquence passée à une probabilité.)
2° En supposant la probabilité p pour qu'un enfant né à Chin-Tchoun soit un garçon, égale à $\frac{2}{3}$, écrivez la loi de probabilité de X, nombre de garçons nés un jour donné. Sur les deux ans, combien de jours le démographe aura-t-il observé la naissance de 4 filles ?
3° Quelle est l'espérance mathématique du nombre de naissances de garçons chaque jour ?

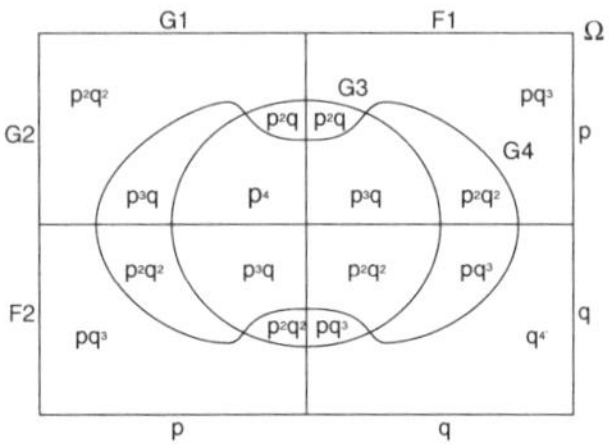

Figure 14

1° Soit p cette probabilité inconnue (probabilité pour qu'une naissance donne un garçon). Sur le diagramme de la figure 14, on a posé $1 - p = q$. et :

G_1 l'événement : le premier enfant né est un garçon, puis G_2, G_3 et G_4 les événements correspondants pour les enfants suivants.

F_1, l'événement : le premier enfant né est une fille, F_2, F_3 et F_4, les événements correspondants pour les enfants suivants.

Nous avons :

$$p^4 = \frac{145}{2 \times 365} \qquad \text{donc : } \mathbf{p \approx 0{,}667.}$$

2° On a dessiné le diagramme structuré de la figure 15, en posant :

$$p = \frac{2}{3}$$

Figure 15

G1 (colonnes 1–2), F1 (colonnes 3–4), Ω(1)

G2	$X = 2$ $\frac{4}{81}$	$X = 3$ $\frac{8}{81}$	$X = 2$ $\frac{4}{81}$	$X = 1$ $\frac{2}{81}$ (F4)
G2	$X = 3$ $\frac{8}{81}$	$X = 4$ $\left(\frac{2}{3}\right)^4 = \frac{16}{81}$	$X = 3$ $\left(\frac{2}{3}\right)^3\left(\frac{1}{3}\right)^2 = \frac{8}{81}$	$X = 2$ $\frac{4}{81}$ (G4)
F2	$X = 2$ $\frac{4}{81}$	$X = 3$ $\frac{8}{81}$	$X = 2$ $\frac{4}{81}$	$X = 1$ $\frac{2}{81}$ (G4)
F2	$X = 1$ $\frac{2}{81}$	$X = 2$ $\frac{4}{81}$	$X = 1$ $\frac{2}{81}$	$X = 0$ $\frac{14}{3} = \frac{1}{81}$ (F4)

F3 (colonne 1), G3 (colonnes 2–3), F3 (colonne 4)

En additionnant, on obtient la loi de probabilité suivante :

x	0	1	2	3	4
$\Pr\{X = x\}$	$\frac{1}{81}$	$\frac{8}{81}$	$\frac{24}{81}$	$\frac{32}{81}$	$\frac{16}{81}$

On lit en particulier :

$$(1 - p)^4 = \frac{1}{81} \approx \frac{9}{2 \times 365}$$

Ce qui permet d'estimer aux environs de **9 le nombre de jours où le démographe aurait dû n'observer que des naissances de filles.**

3° L'espérance mathématique de X se calcule par :

$$E(X) = \left(\frac{1}{81} \times 0\right) + \left(\frac{8}{81} \times 1\right) + \left(\frac{24}{81} \times 2\right) + \left(\frac{32}{81} \times 3\right)$$
$$\left(\frac{16}{81} \times 4\right) = \frac{8}{3}$$

En moyenne, il naît à peu près 2,66 garçons par jour.

N.B. Au chapitre suivant, nous apprendrons à compter les nombres de cas où naissent un garçon et trois filles (nombre de manières de choisir le rang du garçon : $C_4^1 = 4$), deux garçons et deux filles ($C_4^2 = 6$) et trois garçons et une fille ($C_4^3 = 4$).
La loi de X est dite loi binomiale.

⑥°①① Une machine à sous contient des pièces de 1F en nombre suffisant. Lorsqu'on introduit une pièce de 1F, la machine rend trois pièces de 1F avec une probabilité de 1/6, deux pièces de 1F avec une probabilité de 1/6. Dans les autres cas, elle ne rend rien.

1° Pierre joue une pièce. Donnez la loi de probabilité du gain de Pierre après cette première partie. Quelle est l'espérance mathématique de ce gain ?

2° Pierre joue deux pièces. Quelle est la loi de probabilité du gain de Pierre après cette deuxième partie ? Indiquez les gains possibles et les probabilités correspondantes.

3° Pierre a-t-il davantage de chances d'avoir obtenu le même gain les deux fois ou des gains différents ?

4° Pierre a 20 pièces en tout. Il les joue toutes. Quelle est la probabilité pour qu'il n'ait plus d'argent après le vingtième essai ?

1° Le gain X est la différence entre ce que donne la machine et le versement de Pierre. Il est égal à -1 (perte), 1 ou 2, d'où la loi de probabilité :

Somme restituée par la machine	0	2	3
x	-1	1	2
Pr $\{X = x\}$	$\frac{2}{3}$	$\frac{1}{6}$	$\frac{1}{6}$

On peut calculer l'espérance mathématique du gain :

$$E(X) = -1 \times \frac{2}{3} + 2 \times \frac{1}{6} + 3 \times \frac{1}{6} = \mathbf{0}.$$

En moyenne, si Pierre jouait un grand nombre de fois, il ne gagnerait ni ne perdrait. On dit que le jeu est **équitable**.

	0	2	3
0	0	2	3
2	2	4	5
3	3	5	6

Figure 16

2° Il est prudent de commencer par représenter la figure 16 ou un dessin analogue pour rechercher les *valeurs* possibles des sommes restituées. En ligne, on indique les sommes récoltées lors du premier tirage, et en colonne, celles du second. Au centre sont les sommes. On constate ainsi que l'on peut obtenir 2, 3 ou 5 de deux manières.

Ainsi la probabilité d'obtenir 0 est le carré de la probabilité d'obtenir 0 dans un seul tirage :

$$\frac{2}{3} \times \frac{2}{3} = \frac{4}{9}$$

Celle d'obtenir 2 est le produit de la probabilité d'avoir 0 à un tirage par la probabilité d'avoir 2 à l'autre tirage; elle doit être multipliée par deux, puisque le 2 s'obtient de deux manières :

$$2 \times \frac{2}{3} \times \frac{1}{6} = 2 \times \frac{2}{18} = \frac{2}{9}$$

On calcule de la même manière les autres probabilités.

Pour déterminer ces probabilités, on peut aussi dessiner le diagramme complet de la figure 17, en désignant par Y la variable aléatoire « gain après deux parties »; les événements étant indépendants, la probabilité de chaque cas est le produit des probabilités des événements « ligne » et « colonne ». On doit ensuite additionner les probabilités des valeurs égales de Y.

	$X_1 = 0$	$X_1 = 2$	$X_1 = 3$	Ω (1)
$X_2 = 0$	$Y = 0$ $\frac{4}{9}$	$Y = 2$ $\frac{2}{18}$	$Y = 3$ $\frac{2}{18}$	$\frac{2}{3}$
$X_2 = 2$	$Y = 2$ $\frac{2}{18}$	$Y = 4$ $\frac{1}{36}$	$Y = 5$ $\frac{1}{36}$	$\frac{1}{6}$
$X_2 = 3$	$Y = 3$ $\frac{2}{18}$	$Y = 5$ $\frac{1}{36}$	$Y = 6$ $\frac{1}{36}$	$\frac{1}{6}$
	$\frac{2}{3}$	$\frac{1}{6}$	$\frac{1}{6}$	

Figure 17

De toute façon, on obtient la loi de probabilité suivante :

Somme restituée par la machine	0	2	3	4	5	6
y	-2	0	1	2	3	4
$\Pr\{Y = y\}$	$\frac{4}{9}$	$\frac{2}{9}$	$\frac{2}{9}$	$\frac{1}{36}$	$\frac{1}{18}$	$\frac{1}{36}$

3° La probabilité d'avoir deux fois le même gain est visible sur le diagramme (diagonale ombrée) :

$$\frac{4}{9} + \frac{1}{36} + \frac{1}{36} = \frac{9}{18} = 0{,}5$$

L'événement contraire a donc la même probabilité : **Pierre a autant de chances d'avoir obtenu deux fois de suite le même gain que d'avoir eu deux gains différents.**

4° Pierre a donc maintenant 20 pièces. Pour qu'il n'ait plus rien après le vingtième essai, il faut qu'il ait perdu à chaque partie ; à chaque fois, la probabilité de perdre est 2/3. La probabilité de perdre les 20 fois est donc un produit de vingt termes :

$$\frac{2}{3} \times \frac{2}{3} \times \frac{2}{3} \times \ldots \times \frac{2}{3}$$

que l'on a l'habitude de noter avec la « notation puissance » :

$$\left(\frac{2}{3}\right)^{20} \approx 0{,}0003.$$

Il n'y a que 3 chances sur 10000 environ pour que Pierre perde à chaque fois, et n'ait plus d'argent au 20e essai.

⑥°①② Dans un atelier de bureautique, en sortie de fabrication, une pièce peut présenter deux sortes de défauts :

- 5 % des pièces sont légèrement déformées (défaut externe).
- 8 % des pièces présentent un dysfonctionnement (défaut interne).
- 3 % des pièces ont à la fois un défaut interne et un défaut externe.

1° On prend une pièce au hasard, quelle est la probabilité pour que cette pièce présente :

a) un défaut interne et un défaut externe ?

b) un défaut interne ou un défaut externe ?

c) un défaut externe seulement ?

d) un défaut et un seul ?

e) aucun défaut ?

2° Une pièce prise au hasard présente un défaut interne. Quelle est la probabilité pour qu'elle présente aussi un défaut externe ?

3° On tire deux pièces au hasard ; donnez la loi de probabilité de la variable aléatoire : nombre de pièces présentant un défaut interne sur ces deux.

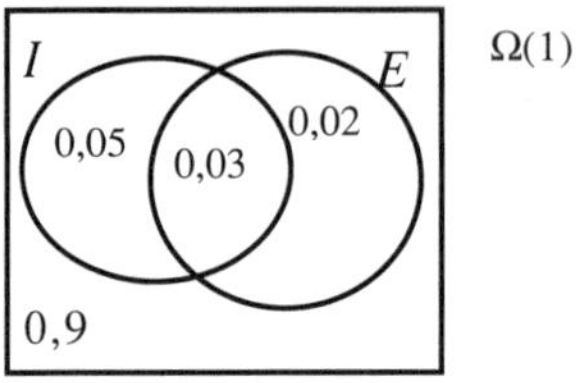

Figure 18

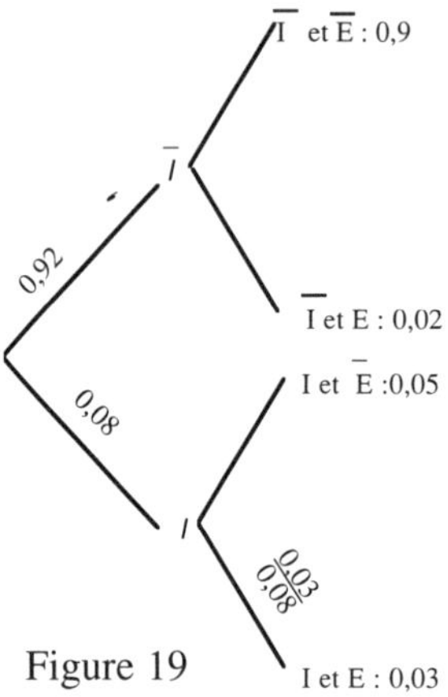

Figure 19

On peut définir les événements :

I : la pièce présente un défaut interne,

E : la pièce présente un défaut externe.

La situation est représentée par le diagramme de la figure 18, d'où l'on peut déduire les résultats de façon quasi immédiate, ou par l'arbre de la figure 19.

1° *a)* La probabilité est de **0,03**, d'après l'énoncé.

b) On peut utiliser le diagramme (0,02 + 0,03 + 0,05) ou la formule :

$$\Pr\{I \text{ ou } E\} = \Pr\{I\} + \Pr\{E\} - \Pr\{I \text{ et } E\}$$
$$= 0{,}05 + 0{,}08 - 0{,}03 = \mathbf{0{,}1}$$

La probabilité est 0,1 pour que la pièce présente un défaut interne ou un défaut externe.

c) Il s'agit de $\Pr\{E \text{ et } \bar{I})\}$ qu'on lit facilement sur l'une des figures ou que l'on calcule :

$$\Pr\{E \text{ et } \bar{I}\} = \Pr\{E\} - \Pr\{I \text{ et } E\} = 0{,}05 - 0{,}03$$
$$= \mathbf{0{,}02}.$$

Il y a deux chances sur cent pour que la pièce présente un défaut interne seulement.

d) La pièce peut présenter le défaut interne seul avec la probabilité 0,02 ou le défaut externe seul avec la probabilité :

$$\Pr\{E\} - \Pr\{I \text{ et } E\} = 0{,}08 - 0{,}03 = \mathbf{0{,}05}$$

Au total la probabilité est :

$$0{,}02 + 0{,}05 = \mathbf{0{,}07}$$

pour que la pièce présente un défaut et un seul.

(Il s'agit de ce qu'on appelle la « différence symétrique » de *A* et *E)*

e) La pièce n'a aucun défaut avec la probabilité :

$$1 - \Pr\{I \text{ ou } E\} = 1 - 0{,}1 = 0{,}9$$

Il y a neuf chances sur dix pour qu'une pièce prise au hasard n'ait aucun défaut (c'est peu ; il serait souhaitable que la méthode de fabrication soit revue !)

N.B. A l'aide d'une partie de ces raisonnements, on complète le diagramme de la figure 18 ou l'arbre de la figure 19, qui peuvent ensuite servir aux calculs.

2° La probabilité demandée est $\Pr\{I \mid E\}$:

$$\Pr\{I \mid E\} = \frac{\Pr\{I \text{ et } E\}}{\Pr\{E\}} = \frac{0{,}03}{0{,}08} = \mathbf{\frac{3}{8}}$$

	I	$\bar{I}$	$\Omega(1)$
J	$X = 2$ $0{,}08^2$	$X = 1$ $0{,}92 \times 0{,}08$	0,08
$\bar{J}$	$X = 1$ $0{,}08 \times 0{,}92$	$X = 2$ $0{,}92^2$	0,92
	0,08	0,92	

Figure 20

Il y a trois chances sur huit pour que la pièce présente aussi ce défaut.

3° On peut dessiner le diagramme de Venn de la figure 20, avec :
I : la première pièce a un défaut,
J : la deuxième pièce a un défaut.
Le nombre de pièces présentant un défaut interne est de 0,1 ou 2.
Il faut calculer les probabilités de chacune des valeurs de cette variable aléatoire, soit X.

$\Pr\{X = 2\} = \Pr\{$ les deux pièces ont le défaut$\}$
$= 0{,}08 \times 0{,}08 = 0{,}0064$

$\Pr\{X = 1\} = \Pr\{$ une pièce a un défaut et l'autre non$\}$
$= 2 \times 0{,}08 \times (1 - 0{,}08)$

$\Pr\{X = 1\} = 0{,}1472$

De même :
$\Pr\{X = 0\} = (1 - 0{,}08)^2 = (0{,}92)^2 = 0{,}8464.$

▼ *Pour $X = 1$, prenez garde à ce que la pièce sans défaut est la première* ***ou*** *la seconde : on multiplie par 2 car :*
$\Pr\{I \text{ et } \bar{J}\} = 0{,}08 \times 0{,}92$
$\Pr\{\bar{I} \text{ et } J\} = 0{,}92 \times 0{,}08$

▼ *Vérifier que la somme des probabimités est égale à 1.*

On peut donc écrire la loi de X :

x	0	1	2
$\Pr\{X = x\}$	0,8464	0,1412	0,0064

⑥°①③ Ce matin, j'ai rendez-vous chez le coiffeur à 9 h 30. Une fois sur deux, il me garde une heure ; sinon, c'est aussi souvent trois quarts d'heure qu'une heure et quart. Vingt-cinq minutes après, je serai au supermarché. Il me faut tantôt une demi-heure, tantôt trois quarts d'heure, tantôt une heure pour faire mes courses, ces trois durées étant aussi fréquentes les unes que les autres.
Quand j'aurai fini, j'irai retrouver mon amie Patricia à la cafétéria à côté. Nous avons rendez-vous à midi moins le quart. Elle arrive toujours à l'heure précise. Laquelle de nous deux a la probabilité la plus forte d'attendre l'autre ?

Le problème fait intervenir trois variables aléatoires :
Y : temps passé chez le coiffeur (en heures),
Z : temps passé au supermarché (en heures),
$X = Y + Z$: temps nécessaire pour arriver à la cafétéria.

On connaît la loi de probabilité de Y :

y	0h45	1h	1h15
$\Pr\{Y = y\}$	$\frac{1}{4}$	$\frac{1}{2}$	$\frac{1}{4}$

et celle de Z :

z	0h30	0h45	1h
$\Pr\{Z = z\}$	$\frac{1}{3}$	$\frac{1}{3}$	$\frac{1}{3}$

Z \ Y	0h45	1h	1h15	
0h30	$X = 1h15$ $\frac{1}{12}$	$X = 1h30$ $\frac{1}{6}$	$X = 1h45$ $\frac{1}{12}$	$\frac{1}{3}$
0h45	$X = 1h30$ $\frac{1}{12}$	$X = 1h45$ $\frac{1}{6}$	$X = 2h$ $\frac{1}{12}$	$\frac{1}{3}$
1h	$X = 1h45$ $\frac{1}{12}$	$X = 2h$ $\frac{1}{6}$	$X = 2h15$ $\frac{1}{12}$	$\frac{1}{3}$
	$\frac{1}{4}$	$\frac{1}{2}$	$\frac{1}{4}$	

Figure 21

▼ *Vérifions : la somme des probabilités doit être égale à 1.*

▼ *Vérifions : les deux événements sont contraires, la somme de leurs probabilités est égale à 1.*

Pour connaître la loi de probabilité de $X = Y + Z$, la présentation en diagramme structuré (figure 21) apporte une grande facilité. Nous indiquons, à l'intérieur du diagramme, la probabilité de $y + z$, obtenue par $\Pr\{Y = y\} \times \Pr\{Z = z\}$ puisque les événements sont indépendants.
On en déduit la loi de probabilité de X, en additionnant les probabilités correspondantes ; en ajoutant 9h30 et 25 minutes on obtient la loi de probabilité de mon heure d'arrivée :

x	1h15	1h30	1h45	2h	2h15
$\Pr\{X = x\}$	$\frac{1}{12}$	$\frac{1}{4}$	$\frac{1}{3}$	$\frac{1}{4}$	$\frac{1}{12}$
Mon heure d'arrivée	11h10	11h25	11h40	11h55	12h05

On peut alors répondre à la question :
- la probabilité pour que j'arrive avant l'heure et donc que j'attende est :

$$\frac{1}{12} + \frac{1}{4} + \frac{1}{3} = \frac{2}{3}$$

La probabilité pour que ce soit mon amie qui m'attende est :

$$\frac{1}{4} + \frac{1}{12} = \frac{1}{3}.$$

C'est moi qui ai la probabilité la plus forte d'attendre.

⑥°①④ Au cours d'une quinzaine commerciale, un magasin offre un billet de loterie à tout acheteur d'un appareil électroménager. Les 500 billets sont numérotés de 1 à 500 et ils sont tous distribués. A la fin de la quinzaine, on effectue un tirage au sort à l'issue duquel :

- le numéro 397 gagne 10000 F,
- les quatre autres numéros se terminant par 97 gagnent chacun 1 000 F,
- les 45 autres numéros se terminant par 7 gagnent chacun 100 F.

Il y a en tout 50 numéros gagnants.
Après l'achat d'un appareil, une personne tire un billet au hasard.
1° On désigne par X la variable aléatoire gain de chaque billet,

a) Précisez les valeurs que peut prendre X.
b) Déterminez la loi de probabilité de X.
c) Calculez son espérance mathématique, $E(X)$, et donnez son interprétation.

2° On considère les deux événements :
A : le numéro obtenu est gagnant ;
B : le deuxième chiffre du numéro est 9.

a) Calculez les probabilités $p(A)$ et $p(B)$.
b) Les événements A et B sont-ils indépendants ?

3° Le magasin annonce dans sa publicité : « Pour doubler vos chances d'avoir au moins un billet gagnant, achetez deux appareils ! ». Un client achète deux appareils et tire deux billets au hasard.
a) On considère l'événement :
C : aucun des deux numéros n'est gagnant.
Calculez la probabilité $p(C)$.
b) Déduisez de ce résultat la probabilité pour qu'un numéro au moins soit gagnant. Cette annonce publicitaire est-elle correcte ? Justifiez la réponse par le calcul.

1° *a)* X peut prendre les valeurs suivantes : 10 000, 1 000, 100 et 0.
b) On peut traduire l'énoncé :

▼ Vérifions : la somme des probabilités est égale à 1.

x	0	100	1000	10000
$\Pr\{X = x\}$	$\frac{450}{500} = \frac{9}{10}$	$\frac{45}{500} = \frac{9}{100}$	$\frac{4}{500} = \frac{1}{125}$	$\frac{1}{500}$

c) L'espérance mathématique du gain est donc :

$$E(X) = 0 \times \frac{9}{10} + 100 \times \frac{9}{100} + 1\,000 \times \frac{1}{125} + 10\,000 \times \frac{1}{500} = 37.$$

En moyenne, quelqu'un qui jouerait un grand nombre de fois gagnerait 37 F.

2° *a)*

$$\Pr\{A\} = \frac{9}{100} + \frac{1}{125} + \frac{1}{500} = \frac{1}{10}$$

(*Autre méthode*. Il y a 50 billets gagnants sur 500 :

$$\Pr\{A\} = \frac{50}{500}).$$

▼ Si ce résultat ne vous apparaît pas immédiatement, pensez qu'il y a autant de billets qui ont un 9 en deuxième position que de billets qui ont un 7 en dernière position (billets gagnants, énumérés dans l'énoncé).

Il y a 500 billets. Parmi eux, 10 x 5 ou 50 ont un 9 situé en deuxième position :

$$\Pr\{B\} = \frac{1}{10}$$

b) Pour savoir si les événements A et B sont indépendants, il faut regarder, par exemple, si $\Pr\{B\}$ et $\Pr\{B \mid A\}$ sont différents. Or le numéro du gros lot comporte un 9 en bonne position, les quatre numéros qui gagnent 1 000 F comportent aussi le 9 bien placé. Les 45 autres numéros n'ont pas le 9 en bonne place, car, sinon, ils se termineraient par 97. Donc, si l'on sait que le numéro est gagnant, la probabilité pour que le 9 soit en deuxième position est :

$$\Pr\{B \mid A\} = \frac{5}{50} = 0{,}1.$$

On a bien :

$$\Pr\{B\} = \Pr\{B \mid A\}.$$

***A* et *B* sont indépendants.**

Autre méthode

Il y a cinq billets (énumérés dans l'énoncé) gagnants et leur numéro comporte un 9 en deuxième position :

$$\Pr\{A \text{ et } B\} = \frac{5}{500} = \frac{1}{100}.$$

Or $\quad \Pr\{A\} \times \Pr\{B\} = \frac{1}{10} \times \frac{1}{10} = \frac{1}{100}$

On a : $\Pr\{A \text{ et } B\} = \Pr\{A\} \times \Pr\{B\}$

ce qui montre que A et B sont indépendants.

	G1	P1	Ω(1)
G2	0,0098	0,0902	0,1
P2	0,0902	0,8098	0,9
	0,1	0,9	

Figure 22

3° On peut dessiner le diagramme structuré de la figure 22, en prenant garde que les événements ne sont pas indépendants et que les probabilités ne se multiplient donc pas. On a désigné par G1 et G2 les événements : gagner la première et gagner la seconde fois, et par P1 et P2 les événements contraires.

a) La probabilité pour que le premier numéro ne soit pas gagnant est de 450/500; celui-ci choisi, la probabilité pour que le second numéro ne soit pas gagnant est de 449/499. D'où :

$$\Pr\{C\} = \frac{450}{500} \times \frac{449}{499} \approx \mathbf{0{,}8098.}$$

b) D'où la probabilité pour qu'un numéro au moins soit gagnant :

$$1 - \Pr\{C\} \approx 1 - 0{,}8982 \approx 0{,}1902$$

Or la probabilité pour qu'un seul numéro soit gagnant est de 0,1. Si l'on a deux billets, la probabilité de gagner au moins une fois est de 0,1902, inférieure à 0,2 qui est le double de 0,1.

La publicité est mensongère. L'erreur est d'environ 1/100. (On augmente la probabilité de 0,0902 lorsqu'on achète un deuxième appareil, mais pas de 0,1 : on ne la double pas.)

7. ANALYSE COMBINATOIRE

Rappels

L'*analyse combinatoire* consiste à compter les éléments d'ensembles divers.

1. Nombre de parties d'un ensemble de n éléments

Le nombre de parties d'un ensemble R donné de n éléments est 2^n.

Si : Card R = n, alors : Card [$\mathcal{P}$(R)] = 2^n

2. Permutations sans répétition

On désigne par *permutation* tout classement d'éléments.

Le nombre d'ordres possibles de n éléments ou permutations de ces n éléments est égal à $n!$
$n!$ se lit « factorielle n » et est le produit des entiers de 1 à n :

$$n! = 1 \times 2 \times 3 \ldots \times (n-1) \times n.$$

3. Arrangements sans répétition

Un arrangement de p éléments pris dans un ensemble de n éléments est une suite ordonnée de p éléments.
Le nombre d'arrangements de p éléments dans un ensemble de n éléments s'écrit A_n^p (On lit : « A, n, p ») :

$$A_n^p = n(n-1)\ldots(n-p+1) = \frac{n!}{(n-p)!}$$

A_n^p comporte p facteurs entiers décroissants dont le premier est n.

4. Combinaisons sans répétition

On appelle *combinaison* de p éléments pris parmi n un sous-ensemble de p éléments pris dans un ensemble de n éléments.
Le nombre de combinaisons de n éléments p à p s'écrit C_n^p(On lit : « C, n, p ») et se calcule par :

$$C_n^p = \frac{A_n^p}{p\,!} = \frac{n\,!}{p\,!(n-p)!} = \frac{n\,(n-1)\,\ldots\,(n-p+1)}{p\,(p-1)\,\ldots\,1}$$

(Dans la dernière expression, il y a p termes au numérateur et p termes au dénominateur).

5. Usage de la calculatrice. Triangle arithmétique de Pascal

Usage de la calculatrice

Les nombres que nous venons de définir : $n\,!$, A_n^p, C_n^p, sont aisés à programmer sur une calculatrice. Certaines calculatrices ont des touches ou des programmes préétablis.

Triangle arithmétique de Pascal

Le triangle arithmétique de Pascal est basé sur une relation entre les C_n^p :

$$C_n^p = C_{n-1}^p + C_{n-1}^{p-1}$$

Un élément d'une ligne du triangle est la somme de deux éléments de la ligne précédente, celui qui se trouve au-dessus et celui qui est immédiatement à gauche. Il a donc l'allure de la figure 1. Le premier et le dernier chiffre de chaque ligne sont des 1. Les encadrés indiquent, par exemple, que 1 + 2 = 3 et 5 + 10 = 15. On utilise cette propriété pour construire le triangle. On lit C_n^p sur ce tableau, à l'intersection des lignes (n) et des colonnes (p) (encadrés ombrés) : $C_5^1 = 5$ $C_6^6 = 1$.

	0	1	2	3	4	5	6
0	1						
1	1	1					
2	1	2	1				
3	1	3	3	1			
4	1	4	6	4	1		
5	1	5	10	10	5	1	
6	1	6	15	20	15	6	1

Figure 1

6. Arrangements et permutations avec répétition

Arrangements avec répétition

Un arrangement de n éléments p à p avec répétition est un ordre possible de p de ces n éléments, certains éventuellement répétés.
Le nombre d'arrangements avec répétition de n éléments p à p est :

$$n^p \ (n \text{ puissance } p)$$

C'est le nombre d'applications d'un ensemble de p éléments dans un ensemble de n éléments.

Permutations avec répétition
Une permutation avec répétition est une façon d'ordonner n éléments sans distinguer entre eux ni les n_1 premiers, ni les n_2 suivants, ... et ainsi de suite jusqu'aux n_k derniers ($n_1 + n_2 ... + n_k = n$).
Le nombre de permutations avec répétitions de n objets répartis par groupes de n_i objets identiques avec :

$n_1 + n_2 ... + n_k = n$ est : $$\frac{n!}{n_1!\, n_2! ...\, n_k!}.$$

7. L'analyse combinatoire, technique pour le calcul des probabilités

Lorsque les cas sont *équiprobables*, la probabilité peut être calculée par la formule historique :

$$\frac{\text{Nombre de cas favorables}}{\text{Nombre de cas possibles}}$$

Lorsqu'il s'agit de combinaisons, il est bon de noter qu'on doit retrouver les mêmes sommes d'indices au numérateur et au dénominateur; par exemple, pour :

$$\frac{C_{n_1}^{p_1} \quad C_{n_2}^{p_2} \quad C_{n_3}^{p_3}}{C_n^p}$$

On doit avoir : $p_1 + p_2 + p_3 = p$ $\quad n_1 + n_2 + n_3 = n$.

Remarque. On hésite souvent entre addition et multiplication lorsqu'il s'agit d'opérer sur des coefficients A_n^p ou C_n^p.Il faut se souvenir (chapitres précédents) que le « ou » correspond à une addition et le « et » à une multiplication. En outre, si le nombre de cas est élevé, on peut se donner un problème plus simple, comportant un petit nombre de cas, pour lequel on peut dessiner un arbre des possibilités; on généralise ensuite.

Exercices

⑦°① On demande à des personnes dans quels pays de l'Europe des Douze, autres que la France, elles sont déjà allées. Combien de réponses différentes peut-on obtenir ?

Si les personnes ne sont allées dans aucun pays, il y a une seule réponse possible; si elles sont allées dans un seul pays, il y a 11 réponses possibles. Si elles sont allées dans deux pays, cela fait C_{11}^2 réponses possibles...

On continue ainsi et on trouve :

$$C_{11}^0 + C_{11}^1 + C_{11}^2 + C_{11}^3 + C_{11}^4 + C_{11}^5 + C_{11}^6 + C_{11}^7 + C_{11}^8 + C_{11}^9 + C_{11}^{10} + C_{11}^{11}$$

On peut prolonger le triangle arithmétique de Pascal ou utiliser une calculatrice pour calculer les C_n^p. Le résultat est alors :

1 + 11 + 55 + 165 + 330 + 462 + 462 + 330 + 165 + 55 + 11 + 1 = 2 048

Il y a 2 048 réponses possibles.

Autre méthode

On considère l'ensemble des 11 pays à visiter. Cet ensemble a : 2^{11} = 2 048 parties.

N.B. : La « formule du binôme » n'est pas traitée dans le cadre de ce cours. Elle permet de voir plus rapidement que le nombre cherché est :

$$(1+1)^{11} = 2^{11} = 2\,048.$$

⑦°② 1° Combien de comités comportant trois députés et cinq sénateurs peuvent-ils être constitués à partir d'un groupe de sept députés et de huit sénateurs ?
2° Combien peut-on constituer de comités différents de huit personnes comportant au moins un député ? Au moins un sénateur ?
3° Les huit personnes étant choisies, de combien de manières peut-on choisir parmi elles un président, un vice-président et un secrétaire ?

1° Il s'agit de « groupes » donc, il n'est pas question d'ordre : ce sont des combinaisons. Le nombre de manières de choisir les députés est :

$$C_7^3 = \frac{7.6.5}{3.2.1} = 35$$

et le nombre de manières de choisir les sénateurs est :

$$C_8^5 = \frac{8.7.6.5.4}{1.2.3.4.5} = 56$$

Il s'agit d'associer le premier nombre **et** le second; il faut donc effectuer le produit :

$$35 \times 56 = 1\,960$$

Il y a 1 960 manières de choisir le comité avec trois députés et cinq sénateurs.

2° *Au moins un député*
La meilleure méthode consiste à penser à l'événement contraire : il n'y a que des sénateurs, ce qui fait un seul groupe ($C_8^8 \; C_7^0$) . Il y a en tout : C_{15}^8 groupes, c'est-à-dire 6 435 comités possibles.
Il y a 6 434 comités comportant au moins un député.
Au moins un sénateur
Tous les comités comportent au moins un sénateur, car il n'y a que sept députés.
Il y a 6 435 comités comportant au moins un sénateur.

L'autre méthode, qui consiste à énumérer les cas possibles : un député et sept sénateurs, deux députés et six sénateurs, etc., est bien plus longue. On trouve :

$$C_8^7 C_7^1 + C_8^6 C_7^2 + C_8^5 C_7^3 + C_8^4 C_7^4 + C_8^3 C_7^5 + C_8^2 C_7^6 + C_8^1 C_7^7$$
$$= 56 + 588 + 1\,960 + 2\,450 + 1\,176 + 196 + 8 = 6\,434$$

Dans le cas où il y a au moins un sénateur, il y a un seul cas à ajouter à ceux-là, celui où les huit sénateurs sont dans le comité.

3° On choisit, parmi les huit personnes, trois auxquelles on attribue une fonction, ce qui revient à introduire un ordre parmi elles. Il s'agit donc d'arrangements; il y a :

$$A_8^3 = 8{,}76 = 336 \text{ choix possibles.}$$

Autre méthode
Il y a huit manières de choisir le président **et**, celui-ci choisi, sept manières de choisir le vice-président **et,** ensuite, six manières de choisir le secrétaire :

$$8 \times 7 \times 6 = 336$$

Il y a 336 manières de choisir le président, le vice-président et le secrétaire.

⑦°③ Au mois de juin, je donne le choix à chacun de mes enfants d'aller à la campagne ou à la mer. Cela fait 32 possibilités. Combien ai-je d'enfants ?

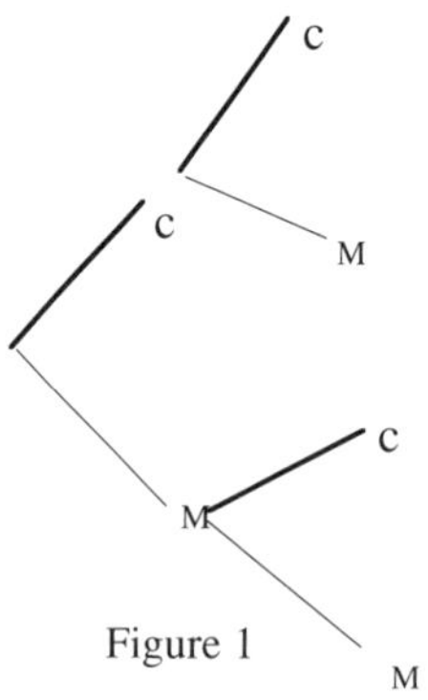

Figure 1

Si j'avais un seul enfant, il y aurait deux possibilités : cet enfant irait à la campagne ou à la mer.
Si j'en avais deux, il y aurait quatre possibilités (voir l'arbre de la figure 1 où *C* représente l'événement « l'enfant va à la campagne » et *M,* « l'enfant va à la mer »).
On continue.
Si j'avais trois enfants, il y aurait :

$$2 \times 2 \times 2 = 8 \text{ possibilités.}$$

Si j'en avais quatre, il y aurait 16 possibilités.
J'ai donc 5 enfants, ce qui donne :

$$2 \times 2 \times 2 \times 2 \times 2 = 2^5 = 32 \text{ possibilités}$$

⑦°④ Un professeur classe sans ex æquo 12 élèves de latin. De combien de façons différentes peut-il procéder ?

Il s'agit de permutations sans répétition. Le professeur peut les classer de 12 ! façons, donc de :
479 001 600 façons.
Il y a près d'un demi-million d'ordres possibles pour 12 élèves !

⑦°⑤ Trois juges électoraux doivent être choisis dans un groupe comportant cinq juges d'un syndicat de droite et sept d'un syndicat de gauche.
1° De combien de façons différentes peut-on procéder ?
2° De combien de façons différentes peut-on procéder si chacun des deux syndicats doit être représenté ?

1° S'il n'y a aucune condition sur le nombre de juges du syndicat de droite ni du syndicat de gauche, non plus que sur l'ordre, le nombre de manières de les choisir est le nombre de combinaisons de 13 éléments 3 à 3 :

$$C_{13}^{3} = \frac{13 \times 12 \times 11}{3 \times 2 \times 1} = 286.$$

Il y a 286 manières de choisir les trois juges.

2° Sur les trois juges, si les deux syndicats doivent être représentés, il n'y a que deux solutions possibles : un juge « de droite » et deux « de gauche », **ou** un juge « de gauche » et deux « de droite ».

Les nombres de combinaisons possibles sont :
un juge « de droite » et deux juges « de gauche » :

$$C_5^1 \times C_7^2 = 5 \times \frac{7.6}{2.1} = 105.$$

Un juge « de gauche » et deux juges « de droite » :

$$C_7^1 \times C_5^2 = 7 \times \frac{5.4}{2 \times 1} = 70$$

Il s'agit d'avoir la première configuration **ou** la seconde ; on additionne les nombres de cas :

$$105 + 70 = 175.$$

Il y a 175 manières de choisir les juges si les deux syndicats sont représentés.

⑦°⑥ Jean, Pierre, Jacques et Paul sont de mauvais élèves. La prochaine composition d'histoire comporte quatre parties : la vie de Jeanne d'Arc, les guerres de Louis XIV, les causes de la Révolution et l'affaire Dreyfus. Chacun d'eux a décidé d'étudier seulement l'une d'entre elles, choisie au hasard, sans en parler aux autres ; ils ont l'intention de compenser leur paresse en copiant les uns sur les autres.
On demande la probabilité pour que les quatre cancres sachent ainsi répondre à n'importe lequel de ces quatre grands chapitres historiques.

Les quatre jeunes choisissent leur chapitre de façon indépendante. Il y a :

$$4 \times 4 \times 4 \times 4 = 256 \text{ possibilités.}$$

Pour que les 4 cancres sachent répondre, il faut qu'ils étudient 4 chapitres *différents*. Les permutations des 4 chapitres sont au nombre de :

4 (choix du 1er élève)
3 (choix du 2e, qui ne doit pas être celui du 1er)
2 (choix du 3e)
1 (choix du 4e)

Donc : $4 \times 3 \times 2 \times 1 = 4! = 24$ ensembles de 4 chapitres différents.
(*Autre méthode* : il y a 4 chapitres et 4 ! manières de les ordonner et donc de les attribuer aux élèves).

La probabilité pour qu'ils réussissent est donc :

$$\frac{24}{256} = \mathbf{\frac{3}{32}} \approx \mathbf{0{,}094}.$$

Les quatre jeunes ont moins d'une chance sur dix de savoir répondre à n'importe lequel des grands chapitres.

⑦°⑦ Nous sommes quatre copains. Nous avons quatre livres de bandes dessinées à notre disposition « le Crabe aux pinces d'argent », « la Lune », « Au pays de l'or jaune » et « le Lotus rouge ».
1° De combien de façons différentes pouvons-nous nous répartir les quatre livres ?
2° J'ai déjà lu « Au pays de l'or jaune ». De combien de façons pouvons-nous nous répartir les quatre livres pour que celui-là ne me soit pas attribué ?

1° C'est le nombre de permutations des 4 livres : 4 ! ou **24** manières différentes.

2° Supposons que je sois le premier à choisir, je prendrai l'un des trois livres que je n'ai pas lus, le deuxième choisira entre 3 livres (ceux que je n'ai pas choisis), et le troisième entre les deux qui restent ; le dernier prendra le livre qui restera. Il y a :

$3 \times 3 \times 2 \times 1 =$ **18 choix différents possibles.**

NB. On peut montrer que, si ce n'est pas moi qui suis le premier à choisir, le nombre de choix reste le même. On peut aussi compter, sur les 24 répartitions, quelles sont celles où je reçois « Au pays de l'or jaune » : il y en a 3 ! = 6, car mes trois camarades se répartissent les autres livres ; il en reste donc :

$$4! - 3! = 18.$$

⑦°⑧ Une maîtresse de maison donne des dîners où elle invite toujours cinq personnes. Or elle a onze bons amis à recevoir (tous sont célibataires).
1° Combien de groupes de cinq personnes peut-elle constituer ?
2° Deux de ses bons amis, Christophe et Nathalie, se marient. Elle ne peut alors les recevoir qu'ensemble ou pas du tout. De combien de façons différentes peut-elle encore faire ses invitations ?
3° Deux ans plus tard, Christophe et Nathalie divorcent et ne peuvent, bien sûr, plus se voir. De combien de façons notre maîtresse de maison peut-elle encore organiser ses dîners ?

1° Elle peut, parmi ses onze amis, en choisir cinq (sans ordre) ; donc le nombre de choix possibles est :

$$C_{11}^{5} = \frac{11 \times 10 \times 9 \times 8 \times 7}{5 \times 4 \times 3 \times 2 \times 1} = 462$$

Il existe 462 choix possibles.

2° Il faut compter les groupes de cinq comprenant les deux époux (les trois autres personnes sont prises parmi les neuf qui ne sont ni Christophe ni Nathalie) :

$$C_2^2 \; C_9^3 = 84$$

et ceux où ils ne seront pas,
groupes des neuf amis qui ne sont pas Christophe et Nathalie :

$$C_{11-2}^5 = C_9^5 = 126$$

Elle reçoit les premiers groupes **ou** les seconds :

$$84 + 126 = 210$$

Il y a 210 nouveaux choix possibles. $C_9^4 = 126$

3° La maîtresse de maison peut inviter Christophe sans Nathalie de :

$$C_9^4 = 126 \text{ manières.}$$

(Les quatre autres personnes sont prises parmi les neuf qui ne font pas partie du couple.)
De même, elle peut inviter Nathalie sans Christophe de :

$$C_9^5 = 126 \text{ manières.}$$

Elle peut aussi n'inviter ni l'un ni l'autre de :

$$C_9^5 = 126 \text{ manières.}$$

L'un **ou** l'autre de ces choix est possible :

$$126 + 126 + 126 = 378.$$

Elle a alors 378 choix possibles.

Autre méthode
On connaît le nombre de choix possibles où Christophe et Nathalie se trouvent tous deux : 84.
Tous les autres choix sont acceptables. Il y en a :

$$462 - 84 = 378.$$

⑦°⑨ Paul prend 4 cartes au hasard dans un jeu de 32 cartes. Quelle est la probabilité des événements suivants :
1° Toutes les cartes sont du carreau,
2° Il y a au moins un pique,
3° Il y a au moins un as,
4° Il y a l'as de pique,
5° Il y a au moins un pique et au moins un carreau,
6° Il n'y a ni cœur ni dame,
7° Il y a au plus deux rois,
8° Il n'y a pas le roi de pique.

Si l'on choisit 4 cartes sur 32, il y a :
C_{32}^4 = **35 960 « mains » différentes possibles.**

1° Le nombre de ces cas favorables est le nombre de

choix de 4 carreaux parmi les 8 carreaux du jeu soit : Donc, la probabilité pour que les cartes soient des carreaux est de : $C_8^4\ C_{24}^0$

$$\frac{C_8^4\ C_{24}^0}{C_{32}^4} = \frac{70 \times 1}{35\,960} \approx 0{,}0019$$

avec : $4 + 0 = 4$

$8 + 24 = 32.$

Autre méthode.
Il faut que la première carte soit un carreau **et** la deuxième un carreau, la première étant choisie (7 chances sur 31), etc. :

$$\frac{8}{32} \times \frac{7}{31} \times \frac{6}{30} \times \frac{5}{29} \approx 0{,}0019.$$

La probabilité pour que les quatre cartes soient du carreau est voisine de 2 millièmes (probabilité faible : c'est un événement qui a peu de chances de se produire).

▼ *C'est l'occasion de revoir ce que signifie « au moins » (chapitre 1).*

2° Dire qu'il y a au moins un pique implique qu'il n'y a pas aucun pique. Il est donc plus facile de calculer la probabilité de l'événement contraire. Il n'y a pas de pique si les cartes sont choisies parmi les 24 « non piques »; la probabilité est :

$$\frac{C_{24}^4\ C_8^0}{C_{32}^4} = \frac{10\,626}{35\,960} \approx 0{,}295$$

ou : $$\frac{24}{32} \times \frac{23}{31} \times \frac{22}{30} \times \frac{21}{29} \approx 0{,}295$$

La probabilité de l'événement contraire est de :

$$1 - 0{,}295 = 0{,}705.$$

Donc, **la probabilité pour qu'il y ait au moins un pique est proche de 0,705.**

▼ *Il faut, en tout cas, décomposer les événements en éventualités disjointes.*

Autre méthode. On calcule la probabilité pour qu'il y ait 1 pique et 3 « non piques » **ou** 2 piques et 2 « non piques » **ou** 3 piques et 1 « non pique » **ou** 4 piques (à faire).

3° *(Mêmes méthodes.)* La probabilité pour qu'il n'y ait aucun as est de :

$$\frac{C_{28}^4\ C_4^0}{C_{32}^4} = \frac{28}{32} \times \frac{27}{31} \times \frac{26}{30} \times \frac{25}{29} = \frac{20\,475}{35\,960} \approx 0{,}569,$$

d'où la probabilité pour qu'il y ait au moins un as :

$$1 - 0{,}569 = 0{,}431.$$

Il y a un peu moins d'une chance sur deux pour qu'il se trouve au moins un as parmi les quatre cartes.

4° S'il y a l'as de pique, le nombre de cas possibles est égal au nombre nombre de groupes de 3 cartes que l'on peut associer à l'as de pique :

$$C_{31}^{3} = 4\ 495.$$

La probabilité est donc :

$$\frac{C_1^1\ C_{31}^3}{C_{32}^4} = \frac{1}{8}.$$

Autres méthodes.

- On peut aussi dire qu'il y a 4 places possibles pour l'as de pique sur 32 : $\frac{4}{32} = \frac{1}{8}$.
- Si l'on raisonne en probabilité, l'as de pique peut être la première carte, probabilité :

$$\frac{1}{32} \times \frac{31}{31} \times \frac{30}{30} \times \frac{29}{29} = \frac{1}{32}$$

ou la deuxième, etc. A chaque fois, la probabilité est de 1/32.

Au total, la probabilité est : $4 \times \frac{1}{32} = \frac{1}{8}$

(Cette deuxième méthode sera moins développée dans la suite.)

Il y a une chance sur huit pour que l'as de pique soit l'une des quatre cartes.

5° Il peut y avoir un pique, un carreau et deux cartes d'autres couleurs, probabilité :

$$\frac{C_8^1\ C_8^1\ C_{16}^2}{C_{32}^4} = \frac{7680}{35960} \approx 0{,}214$$

ou 2 piques, un carreau et une autre carte :

$$\frac{C_8^2\ C_8^1\ C_{16}^1}{C_{32}^4} = \frac{3584}{35960} \approx 0{,}1$$

ou 3 piques et un carreau :

$$\frac{C_{28}^4\ C_4^0}{C_{32}^4} = \frac{28}{32} \times \frac{27}{31} \times \frac{26}{30} \times \frac{25}{29} = \frac{20\ 475}{35\ 960} \approx 0{,}569$$

ou un pique, deux carreaux et une autre carte :

$$\frac{C_8^1\ C_8^2\ C_{16}^1}{C_{32}^4} = \frac{3\ 584}{35\ 960} \approx 0{,}1$$

ou un pique et trois carreaux :

$$\frac{C_8^1\ C_8^3\ C_{16}^0}{C_{32}^4} = \frac{448}{35960} \approx 0{,}012$$

▼ Voir la signification de « au plus ».

Au total, la probabilité correspond à la somme des probabilités trouvées, voisine de :

$$0{,}214 + 0{,}1 + 0{,}012 + 0{,}1 + 0{,}012 = 0{,}428.$$

Il y a près d'une chance sur deux pour que, sur les quatre cartes, on compte au moins un pique et au moins un carreau.

6° On peut décomposer en événements disjoints, mais il est plus simple de compter les cartes qui restent « permises » :

$$32 - 8 - 4 + 1 = 21$$

(32 cartes, 8 cœurs, 4 dames; le « +1 » provient de la dame de cœur comptée deux fois.)

La probabilité pour qu'il n'y ait ni cœur ni dame est de :

$$\frac{C_{21}^4}{C_{32}^4} = \frac{21}{32} \times \frac{20}{31} \times \frac{19}{30} \times \frac{18}{29} = \frac{5\,985}{35\,960} = \frac{1}{6} \approx 0{,}1666$$

Il y a une chance sur 6 pour que la « main » ne contienne ni cœur ni dame.

7° Il peut y avoir zéro **ou** un **ou** deux rois; la probabilité est de :

$$\frac{C_{28}^4 C_0^4}{C_{32}^4} + \frac{C_{28}^3 C_4^1}{C_{32}^4} + \frac{C_{28}^2 C_4^2}{C_{32}^4} \approx 0{,}997$$

Il est « presque sûr » que la main contiendra au plus deux rois (probabilité voisine de un). Autrement dit, il est peu probable qu'il y ait trois ou quatre rois.

8° Les cartes sont choisies parmi les 31 qui ne sont pas le roi de pique :

$$\frac{C_{31}^4 C_1^0}{C_{32}^4} = \frac{31465}{35960} = \frac{7}{8} = 0{,}875$$

Le roi de pique n'est pas l'une des quatre cartes avec une probabilité élevée : 0,875.

Autre méthode

La probabilité pour que le roi de pique soit l'une des quatre cartes (4°) est la même que la probabilité pour que l'as de pique y soit : 1/8. Ici, on envisage l'événement contraire :

$$1 - \frac{1}{8} = \frac{7}{8}$$

⑦°①⓪ La table de la salle à manger compte juste assez de chaises pour papa, maman, mes frères et sœurs et moi. Nous varions chaque jour les installations(1). La périodicité est approximativement de deux ans. Combien sommes-nous d'enfants ?

Si la périodicité est approximativement de deux ans, c'est que le nombre « d'installations » possibles est de l'ordre de :

$$365 \times 2 = 730.$$

Or le nombre d'installations possibles correspond au nombre de permutations sans répétition.
Si j'étais enfant unique, nous serions trois en tout et il y aurait : 3 ! = 6 installations possibles.
Si je n'avais qu'un seul frère ou sœur, nous serions 4 et nous aurions : 4 ! = 24 installations possibles. Si nous étions 3 enfants, ce serait : 5 ! = 120 installations.
Si nous étions 4 enfants, ce serait : 6 ! = 720.
Or 720 est voisin de 730. **Nous sommes 4 enfants.**

⑦°①① Par un beau soir de l'an 1608, sur les bords du lac Saint-Laurent, le marquis Philippe-René de Brébœuf attrape cinq Indiens : un Outagami, un Iroquois, un Nepissingue et deux Mic-Mac. Il les ligote autour d'un énorme érable avec une corde unique, en les plaçant au hasard. Puis il va se coucher dans une hutte avoisinante. Mais, si les deux Mic-Mac se trouvent côte à côte, ils pourront communiquer dans leur langue, coordonner leurs efforts et défaire les nœuds. Quelle est la probabilité pour que le marquis de Brébœuf ne retrouve plus ses cinq Indiens lorsqu'il se réveillera ?

Supposons que le premier placé des cinq soit un Mic-Mac (à une place quelconque autour de l'arbre). Il reste 4 places équiprobables parmi lesquelles 2 sont à côté de lui. La probabilité pour que le deuxième Mic-Mac soit près du premier installé est de: $\frac{2}{4} = \frac{1}{2}$

Supposons, par contre, que le premier placé des 5 ne soit pas un Mic-Mac. Il reste 4! positions possibles pour les 4 autres. Si les deux Mic-Mac sont voisins, ils forment un groupe inséparable dans lequel ils peuvent se placer de deux façons différentes : premier-deuxième ou deuxième-premier. Le nombre de permutations du groupe Mic-Mac et du

(1) Deux "installations" sont différentes si au moins une personne n'est pas sur la même chaise dans l'une et dans l'autre de ces installations.

bloc des deux autres est 3 ! Il y a 2 x 3 ! positions possibles pour les 4 autres personnes. La probabilité pour que les deux Mic-Mac soient voisins est alors de :

$$\frac{2 \times 3!}{4!} = \frac{1}{2}.$$

Quel que soit le premier Indien placé, on trouve une probabilité égale à 1/2.
Il y a donc une chance sur deux pour que ce triste événement arrive !

⑦°①② J'ai renversé trois tubes homéopathiques avec neuf granules de Nax, neuf d'Ignatius et neuf de Corbonica. J'avale deux granules au hasard parmi ces 27 granules. Soient les événements :

C : J'avale au moins un Corbonica.
N : J'avale au moins un Nax.
I : J'avale au moins un Ignatius.

Calculer les probabilités des événements suivants :
$\overline{C}$, $\overline{N}$, $\overline{I}$, C, N, I,
« *C* et *N* », « *N* et *I* », « *I* et *C* », « *I* et *N* et *C* », « *I* ou *N* ou *C* ».
Quelle formule relie certaines de ces probabilités ?

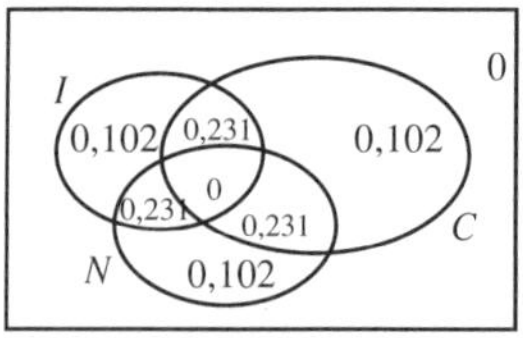

Figure 2

On peut construire ce diagramme en y reportant pas à pas les résultats et en calculant :
0,564 - 2. 0,231 = 0,102.

$\overline{C}$ est l'événement : je ne prends aucun Corbonica. Cela signifie que je prends deux des 18 autres granules et aucun des 9 Corbonica. Or il y a C_{27}^{2} cas possibles. Donc, d'après la formule :

$$\frac{\text{Nombre de cas favorables}}{\text{Nombre de cas possibles}}$$

$$\Pr\{\overline{C}\} = \frac{C_{18}^{2}\,C_{9}^{0}}{C_{27}^{2}} = \frac{\frac{18.17}{2.1}}{\frac{27.26}{2.1}} = \frac{153}{351} \approx 0{,}436$$

ou : $\Pr\{\overline{C}\} = \frac{18}{27} \cdot \frac{17}{26}$.

On en déduit : $\Pr\{C\} = 1 - \Pr\{\overline{C}\} = \frac{153}{351} \approx 0{,}436$

Autre méthode.
C est l'événement : « j'avale soit un Corbonica, soit deux » et a pour probabilité :

$$\frac{9}{27} \times \frac{8}{26} + 2 \times \frac{9}{27} \times \frac{18}{26} = \frac{198}{351} \approx 0{,}436$$

On a, par symétrie :

$$\mathbf{Pr}\{C\} = \mathbf{Pr}\{N\} = \mathbf{Pr}\{I\} = \frac{198}{351} \approx 0{,}564$$

$$\mathbf{Pr}\{\overline{C}\} = \mathbf{Pr}\{\overline{N}\} = \mathbf{Pr}\{\overline{I}\} = \frac{153}{351} \approx 0{,}436$$

L'événement « C et N » est l'événement : « J'avale exactement 1 Corbonica et 1 Nax. Sa probabilité est de :

$$2\frac{9}{27} \times \frac{9}{26} = \frac{81}{351} \approx 0{,}231.$$

(La multiplication par deux indique que ce peut être un Corbonica d'abord ou un Nax d'abord).

On peut *aussi* calculer cette probabilité en tenant compte des C_{27}^2 cas possibles; les nombres de cas favorables se calculent ainsi : 1 Corbonica pris parmi 9, un Nax pris parmi 9 et aucun Ignatius sur les 9 :

$$\frac{C_9^1 C_9^1 C_9^0}{C_{27}^2} = \mathbf{\frac{81}{351}}$$

Par symétrie, **les probabilités de « *N* et *I* » et de « *I* et *C* » sont égales à 81/351,** soit environ 0,231.

« I et N et C » est l'événement « j'avale un Nax et un Corbonica et un Ignatius »; or je ne prends que 2 comprimés : c**et événement est impossible** (sa probabilité est nulle) :

$$\Pr\{I \text{ et } N \text{ et } C\} = 0$$

« I ou N ou C » est un événement certain, car on prend au moins une granule de l'un des trois tubes. Sa probabilité est 1. On vérifie alors la **formule** :

$$\Pr\{I \text{ ou } N \text{ ou } C\}$$
$$= \Pr\{I\} + \Pr\{N\} + \Pr\{C\} - \Pr\{I \text{ et } C\}$$
$$- \Pr\{N \text{ et } C\} - \Pr\{C \text{ et } I\} + \Pr\{I \text{ et } N \text{ et } C\}$$

est vérifiée. On a bien :

$$3 \times \frac{198}{351} - 3 \times \frac{81}{351} + 0 = 1.$$

⑦°①③ Dans la ville d'Amphipolis, il existe deux entreprises d'édition, la maison Euclide et la maison Sophocle. Chaque entreprise comporte quatre services : service comptable, service commercial, fabrication, relation avec les auteurs. La ville offre six voyages différents à six personnes choisies dans les deux entreprises.

Pour désigner ces six personnes, on demande à chacun des huit services (quatre dans chaque entreprise) de choisir six représentants, soit au total 48 représentants. On effectue ensuite un tirage au sort parmi ces 48 personnes pour déterminer les six gagnants.

1° Calculez la probabilité pour que le chef du service comptable de Sophocle, choisi parmi les représentants de ce service, gagne le voyage en Egypte.

2° Calculez la probabilité pour que les six représentants du service comptable de Sophocle gagnent chacun le voyage qu'ils souhaitent (ils voudraient faire chacun un voyage différent).
3° Calculer la probabilité pour que les six gagnants soient les six membres du service comptable de Sophocle.

1° Le chef comptable est l'une des 48 personnes. Il a donc la probabilité 1/48 de gagner le voyage en Egypte.
Autre formule, plus compliquée, mais exacte :

$$\frac{A_1^1 A_{47}^5}{A_{48}^6} = \frac{1}{48} \approx 0{,}0208$$

2° Le nombre d'équipes de gagnants possibles est de A_{48}^6 (attribuer une destination à chaque élu revient à introduire un ordre entre eux). Une seule de ces équipes donne à chaque membre du service comptable de Sophocle le voyage qu'il souhaite. La probabilité est donc :

$$\frac{1}{A_{48}^6} = \frac{1}{48.47.46.45.44.43} = \frac{1}{8\,835\,488\,640} \approx 1{,}13.10^{-10}$$

Il n'y a qu'une chance sur plus de 8 milliards pour que chacun des membres du service comptable de Sophocle gagne le voyage qu'il souhaite.

3° Cette fois, il n'y a plus d'ordre dans les attributions ; chaque membre du service gagne, mais on ne sait quel voyage. On peut chercher le nombre de groupes de 6 gagnants possibles : C_{48}^6 ; un seul de ces groupes est le service comptable de Sophocle. La probabilité est :

$$\frac{1}{C_{48}^6} = \frac{1}{12\ 271\ 512} \approx 0{,}8.10^{-8}.$$

Autre formule exacte :

$$\frac{6!}{A_{48}^6}$$

Il n'y a qu'une chance sur plus de 12 millions pour que les gagnants soient tous les membres du service comptable de Sophocle.

N.B. Par rapport au 3°, la probabilité a augmenté, mais elle reste faible.

⑦°①④ Encastré dans la porte de mon réfrigérateur se trouve un casier prévu pour 12 œufs où je range au hasard les œufs et les kiwis. Ce matin, il y avait 8 œufs et 4 kiwis. Victoria, trois ans, très fière de savoir ouvrir la porte du réfrigérateur, vient d'y attraper 2 « trucs ». Y a-t-il davantage de chances pour que cela soit 2 œufs, 2 kiwis ou bien un œuf et un kiwi ?

Calculons séparément les probabilités des trois événements.

Deux œufs

Le raisonnement est le même qu'aux exercices précédents :

$$\Pr\{\text{2 œufs}\} = \frac{C_8^2 C_4^0}{C_{12}^2} = \frac{28}{66} = \frac{14}{33}$$

ou : $$\Pr\{\text{2 œufs}\} = \frac{8}{12} \times \frac{7}{11} = \frac{14}{33}.$$

Deux kiwis

$$\Pr\{\text{deux kiwis}\} = \frac{C_8^0 C_4^2}{C_{12}^2} = \frac{6}{66} = \frac{1}{11}$$

ou : $$\Pr\{\text{2 kiwis}\} = \frac{4}{12} \times \frac{3}{11} = \frac{1}{11}.$$

Un œuf et un kiwi

$$\Pr\{\text{1 œuf et 2 kiwis}\} = \frac{C_8^1 C_4^1}{C_{12}^2} = \frac{8 \times 4}{66} = \frac{16}{33}$$

ou :

$$\Pr\{\text{1œuf et1 kiwi}\} = 2 \times \frac{8}{12} \times \frac{4}{11} = \frac{16}{33}.$$

L'événement le plus probable est que Victoria ait attrapé un œuf et un kiwi. (Il est peu probable que Victoria ait tiré deux kiwis ; mais il est presque aussi probable qu'elle ait tiré deux œufs).

⑦°①⑤ « Avoir davantage de garçons que de filles. » Quelle est la probabilité de réaliser ce rêve selon que l'on a un, deux, trois, quatre ou cinq enfants, si chaque nouveau-né a autant de chances d'être un garçon que d'être une fille ?

- *Si l'on a un seul enfant*, on a plus de garçons que de filles lorsque l'on a un garçon. La probabilité de cet événement est **0,5**.

- *Si l'on a deux enfants*, on a plus de garçons que de filles si l'on a deux garçons (si l'on a un garçon et une fille, on a *autant* de garçons que de filles). La probabilité est : $\frac{1}{2} \times \frac{1}{2} = \frac{1}{4}$ = **0,25.**

- *Si l'on a trois enfants*, il faut 2 garçons et une fille ou 3 garçons :

$$\Pr\{\text{3 garçons}\} = \frac{1}{2} \times \frac{1}{2} \times \frac{1}{2} = \frac{1}{8}$$

$$\Pr\{\text{2 garçons et une fille}\} = C_3^2 \frac{1}{2} \times \frac{1}{2} \times \frac{1}{2} = \frac{3}{8}$$

(C_3^2 manières de choisir la place des deux garçons parmi les trois enfants).

La probabilité d'avoir davantage de garçons que de filles est de: $\frac{1}{8}+\frac{3}{8}=\frac{1}{2}=$ **0,5.**

- *Si l'on a quatre enfants*, il faut 3 garçons et une fille ou 4 garçons ; la probabilité est :

$$C_4^3\frac{1}{16}+\frac{1}{16}=\frac{5}{16}=\mathbf{0{,}3125.}$$

- *Si l'on a cinq enfants*, il faut 3 garçons et deux filles, ou 4 garçons et une fille ou 5 garçons. La probabilité est :

$$C_5^3\frac{1}{32}+C_5^4\frac{1}{32}+\frac{1}{32}=\frac{10+5+1}{32}=\mathbf{\frac{16}{32}}\approx\mathbf{0{,}5.}$$

La probabilité de réaliser le rêve est variable selon le nombre d'enfants ; elle est comprise entre 1/4 et 1/2.

N.B. On démontre que, lorsque le nombre n d'enfants est pair, la probabilité est de :

$$0{,}5-\frac{C_n^{n/2}}{2^{n+1}}$$

(Probabilité se rapprochant de 0,5, lorsque n augmente) et qu'elle est toujours égale à 0,5, lorsque n est impair. D'où la figure 3.

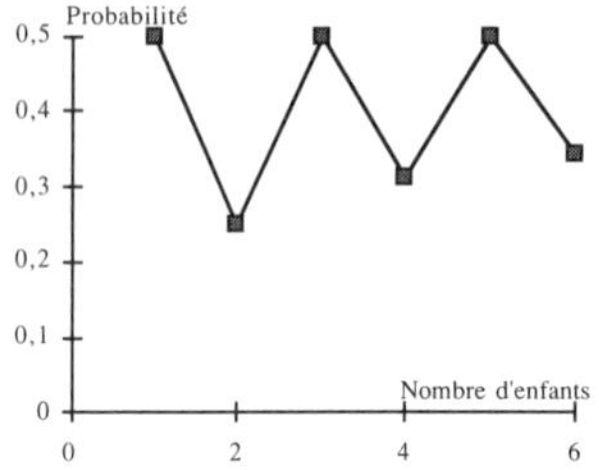

Figure 3

⑦°①⑥ Une compagnie de transport urbain a l'obligation d'avoir en permanence 80 autobus en circulation. Elle dispose pour cela de m autobus ; chaque véhicule a une probabilité égale à 0,04 d'être indisponible un jour donné (panne, révision, accident...), et ce de façon indépendante des autres véhicules.

1° Si $m = 80$, quelle est la probabilité pour la compagnie de ne pas avoir 80 autobus disponibles ?

2° Même question si $m = 81$.

3° De combien d'autobus la compagnie doit-elle disposer pour n'avoir pas plus de 7 chances sur 10 de ne pas avoir 80 autobus en fonctionnement ?

1° Chaque autobus a une probabilité de 0,04 d'être indisponible et donc une probabilité de 0,96 d'être disponible. Il faut que les 80 autobus soient tous disponibles. La probabilité de ces 80 événements indépendants est :

$$0{,}96 \times 0{,}96 \times \ldots \times 0{,}96 \text{ (80 fois)}$$

On écrit ce produit $(0{,}96)^{80}$ (0,96 puissance 80) et on lit le résultat à l'aide d'une calculatrice :

$$\mathbf{(0{,}96)^{80}} \approx 0{,}038.$$

Il y a donc moins de 4 chances sur 100 pour que les 80 autobus soient tous disponibles.

2° Il suffit que 80 autobus soient disponibles et le 81e peut ne pas l'être. Il y a 81 manières de choisir l'autobus indisponible. Donc, la probabilité qu'un autobus soit en panne et que 80 fonctionnent est de :

$$81 \times (0{,}96)^{80} \times 0{,}04 = 0{,}1237$$

et la probabilité pour que tous les autobus fonctionnent est de :

$$(0{,}96)^{81} = 0{,}0366.$$

Au total, la probabilité est proche de **0,1603**, bien supérieure à la précédente.

3° Si la compagnie ne possède que 81 autobus, elle a une probabilité de 0,84 (événement contraire de celui du 2°) de ne pas disposer de 80 autobus. 0,84 est supérieur à 0,7. Le nombre d'autobus n'est pas suffisant.

Si la compagnie possède 82 autobus, elle a une probabilité de:

$$(0{,}96)^{82} \approx 0{,}0352.$$

pour que tous fonctionnent, et une probabilité :

$$81 \times (0{,}96)^{81} \times 0{,}04 \approx 0{,}12$$

pour que 81 d'entre eux fonctionnement, et une probabilité :

$$C_{82}^{2} \times (0{,}96)^{80} \times (0{,}04)^{2} = \frac{82 \times 81}{2} \times (0{,}96)^{80} \times (0{,}04)^{2} \approx 0{,}102$$

pour que 80 exactement fonctionnent. Au total la probabilité pour que 80 ou plus fonctionnent est de 0,358. La probabilité de l'événement contraire est de 0,642.

Si la compagnie possède 82 autobus, elle a moins de 7 chances sur 10 de ne pas disposer de 80 autobus en état de marche.

82 autobus suffisent pour assurer un service "correct" !

⑦°①⑦ Une urne contient cinq boules blanches et cinq boules noires. On tire au hasard trois boules une par une, d'abord en les remettant chaque fois dans l'urne (1re méthode), puis sans les y remettre (2e méthode). De quelle façon a-t-on le plus de chances d'obtenir ainsi une boule blanche et deux boules noires ?

Examinons chaque méthode :

1re Méthode : tirage avec remise

La probabilité de tirer une boule blanche ne change pas à chaque tirage. C'est toujours :

$$\frac{5}{10} = \frac{1}{2}$$

On tire trois boules. Cherchons la probabilité d'obtenir 2 boules blanches et une boule noire, puisqu'il y a C_3^2 manières de choisir la place des boules blanches :

$$C_3^2 \left(\frac{1}{2}\right)^2 \left(\frac{1}{2}\right) = \frac{3}{8}$$

2e Méthode : tirage sans remise

La probabilité change. Lorsqu'on a lancé une boule blanche, il ne reste que 4 boules blanches et 9 boules en tout. La probabilité d'avoir 2 boules blanches et une boule noire est alors :

$$C_3^2 \frac{5}{10} \times \frac{4}{9} \times \frac{5}{8} = \frac{5}{12}$$

On peut aussi raisonner par nombre de cas favorables et nombre de cas possibles :

$$\frac{C_5^2 C_5^1}{C_{10}^3} = \frac{10 \times 5}{120} = \frac{5}{12}$$

Conclusion

Il faut comparer $\frac{3}{8}$ et $\frac{5}{12}$

$$\frac{3}{8} = \frac{9}{24} \quad \text{et :} \quad \frac{5}{12} = \frac{10}{24}$$

Le second est plus grand.

Il vaut mieux faire un tirage *sans* remise : il est alors plus probable d'obtenir deux boules blanches et une noire.

⑦°①⑧ Douze jeunes gens et quinze jeunes filles dansent ensemble. Combien y a-t-il de danses différentes possibles, si l'on considère que deux danses sont différentes si au moins un garçon ne danse pas avec la même cavalière ?
Comparez ce nombre avec celui des habitants de la ville de Paris.

Supposons que les garçons invitent les filles ! Le premier pourra choisir l'une quelconque des 15 filles, le deuxième l'une des 14 filles qui restent, etc. Il s'agit de choisir les 12 filles qui danseront parmi les 15 qui sont présentes, en introduisant un ordre parmi elles, ordre qui correspond au choix du garçon. Le nombre de couples est donc :

$$A_{15}^{12} = 15 \times 14 \times \ldots \times 4 = 2{,}179.10^{11}$$

(**218 milliards...**, c'est-à-dire, si l'on estime qu'il y a environ 5 millions d'habitants à Paris, plus de 43 000 fois le nombre d'habitants de Paris).

⑦°①⑨ Un bijoutier a exposé dans sa vitrine 3 bracelets, 7 colliers et des bracelets-montres ; au total, 17 objets. Un voleur casse la vitrine. Interrompu par le bijoutier, il n'a le temps d'emporter que 4 objets pris au hasard.
1° Combien de groupes différents de 4 objets aurait-il pu emporter ?
2° Quelle est la probabilité pour qu'il emporte 4 colliers ?
3° Quelle est la probabilité pour qu'il emporte 4 objets de même nature ?
4° Quelle est la probabilité pour qu'il emporte au moins un collier ?

1° Il y a : $C_{17}^{4} = \mathbf{2\,380}$

groupes possibles de 4 objets pris parmi les 17.

2° Il y a $C_7^4 = 35$ groupes de colliers possibles. La probabilité pour que les objets soient des colliers est de :

$$\frac{C_7^4 C_{10}^0}{C_{17}^4} = \frac{C_7^4 C_7^0 C_3^0}{C_{17}^4} = \frac{35}{2\,380} = \frac{1}{68} \approx 0{,}0147$$

Il y a une chance sur 68 pour que le voleur n'emporte que des colliers.

3° « De même nature » signifie soit colliers, soit bracelets, soit bracelets-montres. Il ne peut y avoir 4 bracelets, donc cela signifie qu'il a emporté 4 bracelets-montres ou 4 colliers. La probabilité est de :

$$\frac{C_7^4 C_{10}^0}{C_{17}^4} + \frac{C_7^4 C_{10}^0}{C_{17}^4} = \frac{70}{2\,380} = \frac{1}{34} \approx 0{,}0294$$

Il y a une chance sur 34 pour que les objets emportés par le voleur soient de même nature. (C'est peu probable.)

▼ *On aurait aussi pu interpréter « de même nature » par : soit « en bracelets », soit « en colliers ». On trouve alors :*

$$\frac{C_2^4\ C_{10}^0}{C_{17}^4} + \frac{C_{10}^4\ C_7^0}{C_{17}^4}$$

$$= \frac{245}{2\ 380} \approx 0{,}1.$$

4° « Au moins un » signifie soit un, soit deux, soit trois, soit quatre. Il est plus rapide de chercher la probabilité de l'événement contraire : « il n'emporte aucun collier ».
Le nombre de groupes ne comprenant aucun collier est :

$$C_{10}^4\ C_7^0 = 210.$$

Le nombre de groupes comprenant au moins un collier est donc :

$$2\ 380 - 210$$

et la probabilité cherchée :

$$\frac{2\,380 - 210}{2\,380} \approx 0{,}911.$$

Il y a plus de 9 chances sur 10 pour que le voleur emporte au moins un collier. (C'est probable.)

▼ *Ce n'est pas faux de calculer la probabilité des événements « il emporte un collier », « il en emporte deux », « il en emporte trois ». Le résultat est le même, mais les calculs sont plus longs ! On a souvent intérêt à penser à l'*événement contraire.

⑦°②⓪ Lors de jeux Olympiques, 13 nageurs dont Pierre, John et Bachir étaient en compétition. Si les récompenses étaient réparties au hasard, quelles seraient les probabilités pour que:
- Pierre ait la médaille d'or ?
- Pierre, John et Bachir gagnent chacun une médaille ?
- Pierre ait la médaille d'or, John la médaille d'argent et Bachir la médaille de bronze ?

Pierre a la médaille d'or
Pierre est l'un des 13 nageurs. Il a donc **une chance sur 13** d'avoir la médaille d'or, si celle-ci est décernée au hasard.

Pierre, John et Bachir ont chacun une médaille
On peut raisonner par « nombre de cas favorables » sur « nombre de cas possibles ».

Deux méthodes :
- On calcule les nombres de groupes de trois qui peuvent gagner les 3 médailles : C_{13}^3. Parmi ces groupes, un seul est formé de Bachir, John et Pierre. La probabilité est donc :

$$\frac{1}{C_{13}^3} = \frac{1}{286}$$

- On tient compte de l'ordre : il y a A_{13}^3 groupes ordonnés de 3 personnes susceptibles de gagner (dans l'ordre) la médaille d'or, la médaille d'argent et celle de bronze. Parmi ceux-là, 3 ! permutations de Pierre, John et Bachir. La probabilité est de :

$$\frac{3!}{A_{13}^3} = \frac{3 \times 2 \times 1}{12 \times 13 \times 11} = \frac{1}{286}.$$

Il y a une chance sur 286 pour que les trois nageurs aient chacun une médaille.

Pierre a la médaille d'or, John la médaille d'argent et Bachir la médaille de bronze
En utilisant la seconde méthode précédente, il n'y a qu'un seul groupe ordonné qui convienne. La probabilité est : $\frac{1}{A_{13}^3} = \frac{1}{1716}$

Autre méthode, en utilisant les probabilités conditionnelles
Pierre a une chance sur 13 d'avoir la médaille d'or. Celle-ci attribuée, il reste à John une chance sur 12 d'avoir la médaille d'argent, puis une chance sur 11 à Bachir d'avoir la médaille de bronze.

Si Pierre, John et Bachir gagnent, ce ne sera pas par hasard, mais bien parce qu'il seront les meilleurs !

$$\frac{1}{13} \times \frac{1}{12} \times \frac{1}{11} = \frac{1}{1\,716} \; (\approx 0{,}0006)$$

Il y a seulement une chance sur 1 716 pour que les trois nageurs gagnent les médailles désignées.

⑦°②① Un examen sous forme de QCM (Questions à choix multiples) comporte 10 questions, à chacune desquelles il faut répondre « vrai » ou « faux ».
1° Combien de copies différentes possibles cela fait-il à cet examen ?

Quelle est la probabilité, en répondant au hasard :
2° d'avoir toutes les réponses exactes ?
3° d'avoir exactement 5 réponses justes sur 10 ?
4° que les 5 premières réponses soient exactes et les autres fausses ?

1° Il y a 2 réponses possibles à chaque question, donc :

$$2 \times 2 \times ... \times 2 = 2^{10} = \mathbf{1024}$$

copies différentes possibles.
2° Il n'y a qu'une de ces réponses où toutes les questions soient justes, la probabilité est donc de 1/1024.
(On peut être pratiquement sûr que celui qui a bien répondu à toutes les questions l'a fait parce qu'il a appris la matière de l'examen et non parce qu'il répond au hasard).

▼ *Attention : cinq réponses justes exactement, cela signifie aussi cinq réponses fausses.*

3° Il faut « choisir » les 5 questions qui auront une réponse juste (et les 5 autres). Il y a C_{10}^{5} manières de les choisir. Chacune des questions a une chance sur deux d'être traitée de façon exacte (5 questions ont la probabilité $(1/2)^5$ d'être toutes exactes). La probabilité d'avoir 5 réponses justes et 5 fausses est donc :

$$C_{10}^{5}\left(\frac{1}{2}\right)^{5}\left(\frac{1}{2}\right)^{5} = \frac{C_{10}^{5}}{2^{10}}$$

Or : $$C_{10}^{5} = \frac{10 \times 9 \times 8 \times 5 \times 6}{5 \times 4 \times 3 \times 2 \times 1} = 252.$$

(On peut utiliser le triangle arithmétique de Pascal pour calculer C_{10}^{5})

La probabilité est de : $\frac{\mathbf{252}}{\mathbf{1024}} = 0{,}246$

Il y a près d'une chance sur 4, en répondant au hasard, d'avoir 5 réponses justes exactement.
(On ne peut donc attribuer la moyenne à quelqu'un qui ne fournirait que la moitié de questions convenablement traitées !)

4° Il n'y a qu'une seule copies, sur les 1 024 du 1°, qui comporte les 5 premières réponses justes et les 5 suivantes fausses, la probabilité est donc :

$$\mathbf{\frac{1}{1024}}$$

⑦°②② Cinq couples mariés dînent ensemble. Après le repas, trois personnes choisies au hasard parmi les convives vont faire la vaisselle.
1° De combien de façons différentes peut-on choisir ces trois personnes ?
2° De combien de façons différentes peut-on les choisir pour qu'elles ne soient pas toutes de même sexe ?
3° De combien de façons différentes peut-on les choisir pour qu'aucun couple marié ne se retrouve à la cuisine ?
4° Quelle est la probabilité pour que Jacques, qui n'aime pas faire la vaisselle, soit justement désigné pour cette tâche ?

1° Il y a dix personnes en tout. Donc les trois personnes peuvent être choisies de :

$$C_{10}^{3} = \mathbf{120}$$

façons différentes.

2° Il faut qu'il y ait soit deux femmes et un homme, soit une femme et deux hommes. Chacun est pris parmi les 5 de même sexe que lui :

$$C_5^2\, C_5^1 + C_5^1\, C_5^2 = 100.$$

Il y a 100 choix possibles de trois personnes qui ne sont pas de même sexe.

Autre méthode.
On peut calculer combien de choix il existe pour l'événement contraire, c'est-à-dire qu'il y ait uniquement des hommes ou uniquement des femmes :

$$C_5^3\, C_5^0 + C_5^3\, C_5^0 = 10 + 10.$$

D'où le nombre de choix pour que les personnes ne soient pas de même sexe :

$$120 - 10 - 10 = 100.$$

3° Chaque personne désignée pour la vaisselle doit être choisie dans un couple différent. Il y a C_5^3 manières de choisir les trois couples différents dont l'un des conjoints (deux choix possibles) ira faire la vaisselle. Le nombre de cas est donc :

$$2^3 \times C_5^3 = 80.$$

Il y a 80 manières de choisir les personnes de façon qu'aucun couple ne se retrouve à la cuisine.

Autre méthode
On peut calculer le nombre de choix pour l'événe-

ment contraire, un couple marié et une autre personne : $C_5^1 C_8^1 = 40$
d'où le nombre de choix où aucun couple ne se retrouve à la cuisine :

$$120 - 40 = 80.$$

4° **Jacques a trois chances sur dix d'être désigné pour la vaisselle.**
(On peut aussi calculer, $\frac{C_1^1 C_9^2}{C_{10}^3}$ mais c'est bien compliqué !)

⑦°②③ Dans un groupe de trente personnes, vingt lisent la rubrique sportive d'un journal, quatorze pratiquent un sport et huit font les deux.
1° Combien d'entre elles ne s'intéressent pas du tout au sport ? (Elles ne lisent pas de rubrique sportive et ne pratiquent aucun sport).
2° On interroge six personnes. Quelle est la probabilité pour que de ce groupe parmi elles :
a) Aucune ne pratique un sport ?
b) Une au moins pratique un sport ?
c) Exactement deux pratiquent un sport et exactement quatre lisent une rubrique sportive ? (On tiendra compte du fait que certaines personnes peuvent faire les deux.)

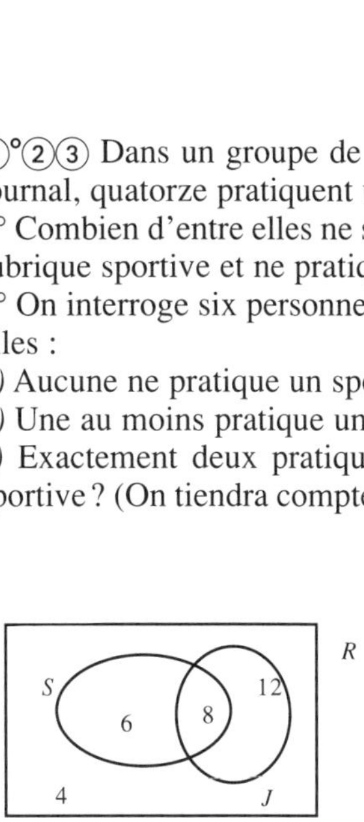

Figure 4

1° Soit (figure 4) :
S, l'ensemble des personnes qui pratiquent un sport,
J, l'ensemble des personnes qui lisent la rubrique.
On a :

$$\text{Card}\,(S \cup J) = \text{Card}\,S + \text{Card}\,J - \text{Card}\,(S \cap J)$$
$$= 14 + 20 - 8 = 26$$

donc : 30 - 26 = **4 personnes ne s'intéressent pas au sport.**

2° *a)* On doit prendre six personnes parmi les seize qui ne pratiquent pas de sport. Les cas possibles sont les groupes (combinaisons) de six personnes prises parmi les 30. La probabilité est, d'après la formule historique du calcul des probabilités :

$$\frac{C_{14}^0 C_{16}^6}{C_{30}^6} = \frac{8\,008}{593\,775} \approx 0{,}0135.$$

La probabilité est de 0,0135 pour que, sur les six personnes interrogées, aucune ne pratique un sport.
(Il y a donc peu de chances pour que le groupe apparaisse, à l'enquête, comme pas du tout sportif).

▼ *Revoir le chapitre 1 sur « au plus », « au moins », « exactement »...*

b) « Une personne au moins pratique un sport » est l'événement contraire de « aucune personne ne pratique un sport » *(a)*. La probabilité de cet événement est de :

$$1 - \frac{8\,008}{593\,775} \approx 0{,}9865.$$

Il y a une probabilité 0,9865 pour qu'une personne au moins sur les six interrogées pratique un sport.

▼ *Il faut être très systématique ! On voit sur le diagramme que les personnes peuvent être choisies dans quatre sous-ensembles, représentés par quatre « parties connexes ».*

c) Il faut décomposer cet événement ; il peut y avoir :

- deux personnes de $S \setminus J$ (qui pratiquent un sport mais ne lisent pas) et quatre de $J \setminus S$;
- une personne de $S \setminus J$, trois de $J \setminus S$, une qui ne fait rien, mais aussi une personne qui pratique les deux ($S \cap J$).
- deux personnes qui pratiquent les deux ($S \cap J$), aucune de $S \setminus J$, deux de $J \setminus S$ et deux qui ne font rien.

La probabilité est donc de :

$$\frac{C_6^2 C_{12}^4 \, C_8^0 C_4^0 + C_6^1 C_{12}^3 \, C_8^1 C_4^1 + C_6^0 C_{12}^2 \, C_8^2 C_4^2}{C_{30}^6}$$

$$= \frac{15.495 + 6.220.8.4 + 66.6.28}{593\,775} = \frac{60\,753}{593\,775} \approx 0{,}102.$$

Il y a environ une chance sur dix pour qu'il y ait, dans l'échantillon interrogé, exactement deux personnes qui pratiquent un sport et exactement deux personnes qui lisent une rubrique sportive.

⑦°②④ Un atelier comprend vingt personnes. Le directeur général, très démocrate, décide que cet atelier sera dirigé par trois de ces vingt personnes à tour de rôle. Chacune des trois personnes assume une fonction différente : animateur, adjoint, secrétaire ; elles forment « l'équipe dirigeante » qui reste un mois ; le directeur part du principe que chacune des vingt personnes est également capable d'assumer ces trois rôles et tire au sort, chaque mois, l'équipe dirigeante.

1° Combien cela fait-il d'équipes dirigeantes possibles ?

2° Antoine fait partie de l'atelier. Quelle est la probabilité pour qu'il fasse partie de l'équipe un mois donné ?

3° Quelle est la probabilité pour qu'Antoine soit animateur un mois donné ?

4° Au bout d'un an, Antoine considère comme injuste de n'avoir jamais fait partie de l'équipe dirigeante. Quelle était la probabilité qu'un tel événement se produise si les rôles étaient réellement tirés au sort ?

5° Devant les réclamations d'Antoine, le directeur décide de ne plus tirer au sort, mais de choisir l'équipe à l'aide de la liste alphabétique des noms de famille, le premier de la liste étant le premier animateur, le deuxième de la liste, le premier adjoint, et le troisième, le premier secrétaire; le mois suivant, le deuxième de la liste devient animateur, le troisième adjoint, le quatrième secrétaire, et l'on continue ainsi. Antoine Zabriski est le dernier de la liste : dans combien de temps fera-t-il partie de l'équipe dirigeante ?

6° Antoine n'est pas encore satisfait de cette solution ! On décide donc de garder la procédure du 5°, mais en prenant une liste tirée au hasard et non plus alphabétique.

a) Combien y a-t-il de listes possibles ?

b) Quelle est la probabilité pour qu'Antoine fasse partie de l'équipe avant la fin de la première année ?

7° Antoine ne s'entend pas avec Bernadette qui fait aussi partie de l'atelier.

a) Combien y a-t-il d'équipes dirigeantes dont ni Antoine ni Bernadette ne font partie ?

b) Quelle est la probabilité pour qu'une équipe choisie au hasard, quelle que soit la fonction de chacun :

- comprenne Antoine et non Bernadette,
- ne comprenne ni Antoine ni Bernadette,
- comprenne Antoine et Bernadette.

1° Les équipes sont « ordonnées » : elles comprennent un animateur, un adjoint et un secrétaire. Il y a donc A_{20}^{3} soit **6 840 équipes dirigeantes possibles.**

2° Il y a trois personnes dans l'équipe, et 20 personnes; Antoine a donc la probabilité de :

$$\mathbf{\frac{3}{20} = 0{,}15}$$

d'être dans l'équipe un mois donné.

3° **Antoine a une chance sur 20 d'être animateur un mois donné.**

Autre formule exacte : $\dfrac{A_{19}^{2}}{A_{20}^{3}} = \dfrac{1}{20}$.

4° Un mois donné, Antoine a une probabilité de :

$$1 - \frac{3}{20} = \frac{17}{20}$$

de ne pas faire partie de l'équipe. La probabilité pour qu'il n'en fasse pas partie pendant une année entière (douze mois) est de :

$$\frac{17}{20} \cdot \frac{17}{20} \cdots \frac{17}{20} = \left(\frac{17}{20}\right)^{12} \approx 0{,}14.$$

Antoine a environ 14 chances sur 100 de ne pas faire partie de l'équipe dirigeante pendant une année entière. C'est donc un événement tout à fait possible !

5° Antoine Zabriski entrera dans l'équipe dirigeante avec les trois derniers, c'est-à-dire au 18e mois, soit **dans un an et cinq mois**.

6° *a)* Le nombre de « **listes** » ordonnées possibles est **20!** Soit $2{,}43.10^{18}$ (2 milliards de milliards).
b) Pour qu'Antoine fasse partie de l'équipe avant la fin de la première année, il faut qu'il soit dans les 14 premiers. La probabilité est :

$$\frac{14}{20} = 0{,}7.$$

Autre formule : $\frac{14.19\,!}{20\,!} = 0{,}7.$

Antoine a 7 chances sur 10 de faire partie de l'équipe dirigeante la première année, si la liste est tirée au sort.

▼ *Si l'on considère qu'une équipe est seulement un groupe, on trouve :*
$C_{18}^{3} = 816.$

7° *a)* Nous admettons que l'équipe dirigeante est ordonnée. Le nombre d'équipes dont ni Antoine ni Bernadette ne font partie est le nombre d'arrangements des dix-huit autres personnes trois à trois :

$$A_{18}^{3} = 4\ 896.$$

Il y a 4 896 équipes dirigeantes possibles dont ni Antoine ni Bernadette ne font partie.

b) *Équipes comprenant Antoine et non Bernadette*
Antoine peut avoir l'un des trois rôles; les deux autres sont choisis parmi les dix-huit qui ne sont ni Antoine, ni Bernadette :

$$\frac{3\ A_{18}^{2}\ A_{1}^{0}}{A_{20}^{3}} \approx 0{,}1342$$

Autre formule exacte, sans tenir compte des fonctions de chaque personne :

$$\frac{C_{1}^{1}\,C_{18}^{2}\,C_{1}^{0}}{C_{20}^{3}}.$$

La probabilité est voisine de 0,13.

Équipes ne comprenant ni Antoine ni Bernadette
Les trois membres sont choisis parmi les 18 qui ne sont ni Antoine, ni Bernadette :

$$\frac{A_{18}^{3}\ A_{0}^{2}}{A_{20}^{3}} = \frac{C_{1}^{0}\,C_{18}^{3}\,C_{1}^{0}}{C_{20}^{3}} = \frac{18.17.16}{20.19.18} \approx 0{,}7153$$

La probabilité est voisine de 0,71.

Équipes comprenant Antoine et Bernadette
Le troisième membre est choisi parmi les dix-huit qui ne sont ni Antoine ni Bernadette; Antoine et Bernadette peuvent occuper deux des trois fonctions :

$$\frac{A_{18}^{1}\cdot A_{3}^{2}}{A_{20}^{3}} = \frac{18\,.\,A_{3}^{2}}{A_{20}^{3}} = \frac{C_{1}^{1}\,C_{18}^{1}\,C_{1}^{1}}{C_{20}^{3}} \approx 0{,}0158$$

La probabilité est voisine de 0,016.

⑦°②⑤ M. Dubouchon pêche à la ligne dans un étang où ne vivent que dix poissons, trois carpes et sept tanches, tous de poids différent. Il est décidé à pêcher jusqu'à ce qu'il ait pris quatre poissons. Chacun des dix poissons a la même probabilité de se faire prendre, dans n'importe quel ordre.

1° Calculez la probabilité de chacun des quatre événements aléatoires suivants :

- A : le premier poisson pris est une carpe,
- B : les deux premiers poissons pris sont des carpes,
- C : le deuxième poisson pris est une carpe,
- D : au moins un des deux premiers poissons pris est une carpe.

2° On note U la variable aléatoire « nombres de carpes attrapées ».

a) Complétez le tableau de la loi de probabilité de U :

i	0	1	2	3	4
Pr $\{U = \text{i}\}$					

b) Calculez l'espérance mathématique de U. Indiquez sa signification.

3° Un seul des quatre poissons pris est une carpe. Quelle est la probabilité pour que cette carpe ait été le premier des quatre poissons qu'a pêchés M. Dubouchon ?

1° $\Pr\{A\} = \frac{3}{10}$

$\Pr\{B\} = \frac{3}{10} \times \frac{2}{9} = \frac{1}{15}$

Pour C, le premier poisson peut être une carpe **ou** une tanche :

$$\Pr\{C\} = \frac{3}{10} \times \frac{2}{9} + \frac{7}{10} \times \frac{3}{9} = \frac{6 + 21}{90} = \frac{27}{90} = \frac{3}{10}$$

(Noter que Pr $\{C\}$= Pr $\{A\}$: on trouve la même probabilité quelle que soit la place de la carpe).

L'événement D se décompose en événements disjoints : « une carpe et une tanche », « deux carpes » ou « une tanche et une carpe ».

$$\Pr\{D\} = \frac{3}{10} \times \frac{7}{9} + \frac{3}{10} \times \frac{2}{9} + \frac{7}{10} \times \frac{3}{9} = \frac{16}{30} = \frac{8}{15}$$

Pour calculer Pr {D}, on peut aussi calculer la probabilité de l'événement contraire : aucun poisson n'est une carpe :

$$\Pr\{D\} = 1 - \Pr\{\overline{D}\} = 1 - \frac{7}{10} \times \frac{6}{9} = \frac{8}{15}$$

ou on remarque que D = « A ou C » :

$$\Pr\{A \text{ ou } C\} = \Pr\{A\} + \Pr\{C\} - \Pr\{B\} = \frac{3}{10} + \frac{3}{10} - \frac{1}{15} = \frac{8}{15}$$

2° *a)*

i	0	1	2	3	4
Pr $\{U = \text{i}\}$	$\frac{7}{10} \cdot \frac{6}{9} \cdot \frac{5}{8} \cdot \frac{4}{7}$	$4 \cdot \frac{7}{10} \cdot \frac{6}{9} \cdot \frac{5}{8} \cdot \frac{3}{7}$	$C_4^2 \frac{7}{10} \cdot \frac{6}{9} \cdot \frac{3}{8} \cdot \frac{2}{7}$	$C_4^3 \frac{7.3.2.1}{10.9.8.7}$	0
	$\frac{C_7^4 C_3^0}{C_{10}^4}$	$\frac{C_7^3 C_3^1}{C_{10}^4}$	$\frac{C_7^2 C_3^2}{C_{10}^4}$	$\frac{C_7^1 C_3^3}{C_{10}^4}$	0
	$\frac{1}{6}$	$\frac{1}{2}$	$\frac{3}{10}$	$\frac{1}{30}$	0

b) $E(U) = 0 \times \frac{1}{6} + 1 \times \frac{1}{2} + 2 \times \frac{3}{10} + 3 \times \frac{1}{30} = 1{,}2$

En moyenne, si M. Dubouchon pêchait un grand nombre de fois 4 poissons dans les mêmes conditions, il prendrait 1,2 carpe.

3° Il y a quatre poissons pris, dont un et un seul est une carpe ; la carpe a une chance sur 4 d'être la première.
Autre méthode
On définit l'événement E : un seul des 4 poissons est une carpe. On cherche :

$$\Pr\{A \mid E\} = \frac{\Pr\{A \text{ et } E\}}{\Pr\{E\}} = \frac{\frac{3}{10} \times \frac{7}{9} \times \frac{6}{8} \times \frac{5}{7}}{\Pr\{U=1\}} = \frac{1}{4}$$

La carpe a une chance sur quatre d'avoir été pêchée la première.

⑦°②⑥ Lecomte de Noüy (1946) cherchait à expliquer que, lorsqu'on mélange une poudre blanche et une poudre noire, on obtient une poudre grise ; la probabilité est faible pour que les grains de la poudre, répartis au hasard, se groupent par couleur. Lecomte de Noüy schématise le problème en supposant que 10 grains de poudre noire et 10 grains de poudre blanche sont mélangés au hasard et placés ensuite dans un tube de diamètre à peine supérieur à celui des grains : on observe la disposition des grains (voir figure 5).

Figure 5

1° Combien y a-t-il de dispositions possibles de ces 20 grains :
- lorsqu'on les considère tous comme distincts ?
- lorsqu'on ne distingue que la couleur des grains ?

2° Quelle est la probabilité pour que, après mélange, le premier grain soit blanc ?
3° Quelle est la probabilité pour que les deux premiers grains soient blancs ?
4° Quelle est la probabilité pour que les deux premiers grains soient de même couleur ?
5° Quelle est la probabilité pour que les cinq premiers grains soient de même couleur ?
6° L'observation de Lecomte de Noüy vous semble-t-elle se vérifier sur 20 grains de poudre ?

1° Lorsque l'on considère *tous* les grains comme *distincts*, il y a :

$$\mathbf{20!} = 2{,}43 \cdot 10^{18}$$

dispositions possibles (2 milliards de milliards !).

Si on ne distingue les grains que par leur couleur, le nombre de dispositions possibles est égal au nombre de permutations avec répétition des 20 grains, parmi lesquels il y a 10 noirs que l'on ne distingue pas entre eux et 10 blancs que l'on ne distingue pas non plus les uns des autres :

$$\frac{20!}{10!\,10!} = 184\,756$$

dispositions possibles.
Autre méthode. Il y a C_{20}^{10} = **184 756** manières de placer les 10 noirs parmi les 20 grains.

2° **Le premier grain a une chance sur deux d'être blanc** (10 chances sur 20).
Autres formule, plus compliquée :
10 choix possibles du premier grain parmi les 10 blancs, puis 19 ! permutations des 19 grains qui ne sont pas le premier :

$$\frac{10 \times 19\,!}{20!} = \frac{1}{2}$$

3° Le premier grain a 10 chances sur 20 d'être blanc, celui-ci choisi, le suivant a 9 chances sur 19 d'être blanc : $\frac{10}{20} \times \frac{9}{19} = \frac{9}{38} \approx 0{,}237.$

Il y a 9 chances sur 38 pour que les deux premiers grains soient blancs.
Autres formules, plus compliquées, mais exactes :

$$\frac{A_{10}^{2}\ 18!}{20!} = \frac{A_{10}^{2}}{A_{20}^{2}} = \frac{C_{10}^{2}}{C_{20}^{2}}$$

4° Le premier grain peut être de n'importe quelle couleur (probabilité 1); le second doit être de la même couleur (probabilité 9/19) donc :

$$1 \times \frac{9}{19} \approx 0{,}47.$$

Autres formules, plus compliquées, mais exactes :

$$\frac{2\ A_{10}^{2}\ 18!}{20!} = \frac{2\ A_{10}^{2}}{A_{20}^{2}} = \frac{2\ C_{10}^{2}}{C_{20}^{2}}.$$

Il y a 9 chances sur 19 pour que les deux premiers grains soient de même couleur (moins d'une chance sur deux).

5° Si l'on raisonne comme au 4°, on trouve :

$$1 \times \frac{9}{19} \times \frac{8}{18} \times \frac{7}{17} \times \frac{6}{16} = 0{,}0325$$

Autres formules, plus compliquées, mais exactes :

$$\frac{2\ A_{10}^{5}\ 15!}{20!} = \frac{2\ A_{10}^{5}}{A_{20}^{5}} = \frac{2\ C_{10}^{5}}{C_{20}^{5}}$$

Il y a un peu plus de trois chances sur 100 pour que les 5 premiers grains soient de même couleur. (C'est déjà un événement assez rare.)

6° La probabilité pour que les cinq premiers grains soient de même couleur est déjà faible ; la probabilité pour que les dix premiers soient de même couleur est beaucoup plus faible (on trouve environ 0,00001, soit un sur 100 000). Lecomte de Noüy a raison, les grains ont peu de chances de se grouper par couleurs, et la poudre est grise.

⑦°②⑦ Il y a à Londres un certain nombre de gares comme Victoria Station, Paddington Station, Waterloo Station, etc. On les désigne chacune par l'initiale de son nom soit : V, P, et W.
1° Combien faudrait-il de gares à Londres pour que l'on soit sûr que deux d'entre elles au moins portent un nom qui commençant par la même lettre ?
2° S'il y avait n gares à Londres, de combien de manières pourrait-on choisir leurs initiales de façon à les nommer toutes différemment ?
3° On suppose toujours qu'il y a n gares ; on leur attribue à chacune une initiale au hasard ; quelle est la probabilité pour que ces initiales soient toutes différentes ?
4° Quelle est la probabilité pour qu'il y ait au moins une gare qui ait la même initiale qu'une autre ?
5° En fait, le nombre de gares est tel que la probabilité pour que deux d'entre elles au moins aient la même initiale soit supérieure à 1/2 mais que ce ne serait plus vrai s'il y avait une gare de moins. Combien y a-t-il de gares à Londres ?

1° S'il y a **27** gares, on est sûr que deux d'entre elles au moins ont la même initiale.

2° Il y aurait $\mathbf{A_{26}^{n}}$ choix possibles.
N.B. Il faut que n soit inférieur ou égal à 26.

3° Si l'on n'astreint pas les gares à avoir des initiales différentes, on choisit la première initiale de 26 manières, la seconde encore de 26 manières... au total il y a 26^n choix.
Si les initiales sont différentes, il y a $\mathbf{A_{26}^{n}}$ choix ordonnés possibles. La probabilité est de :

$$\frac{\mathbf{A_{26}^{n}}}{\mathbf{26^{n}}} = \frac{26.\,25.\,24 \ldots (25-n)}{26^{n}}$$

Autre méthode.
On choisit la première initiale avec la probabilité 1 (26/26) ; la deuxième doit être différente de la pre-

mière : probabilité 25/26 ; la troisième a la probabilité 24/26 de n'être pas la même que les précédentes, etc. Probabilité :

$$\frac{26 . 25 . 24 \cdots (26 - n)}{26 . 26 . 26 \ldots 26}$$

(n facteurs au numérateur comme au dénominateur).

4° Il s'agit de l'événement contraire du précédent. La probabilité est :

$$1 - \frac{A_{26}^{n}}{26^{n}}$$

5° n est tel que : $\frac{26 . 25 . 24 \ldots (26 - n)}{26 . 26 . 26 \ldots 26} > \frac{1}{2}$

S'il y avait deux gares : $1 - \frac{25}{26}$ est inférieur à $\frac{1}{2}$

S'il y avait trois gares :

$$1 - \frac{25.24}{26^{2}} = 1 - 0{,}88 = 0{,}18 \text{ est inférieur à } \frac{1}{2}$$

Quatre gares :

$$1 - \frac{25 . 24 . 23}{26^{3}} = 0{,}22 \text{ est inférieur à } \frac{1}{2}$$

Cinq gares :

$$1 - \frac{25 . 24 . 23 . 22}{26^{4}} = 0{,}34 \text{ est inférieur à } \frac{1}{2}$$

Six gares :

$$1 - \frac{A_{26}^{6}}{26^{6}} = 0{,}47 \text{ est inférieur à } \frac{1}{2}$$

Sept gares :

$$1 - \frac{A_{26}^{7}}{26^{7}} = 0{,}59 \text{ La probabilité est supérieure à } \frac{1}{2}$$

Il y a 7 gares à Londres. S'il n'y en avait que 6, la probabilité serait inférieure à 1/2.

⑦°②⑧ Cinq voitures numérotées de 1 à 5 (numéro que nous appellerons ici matricule) prennent le départ d'une course automobile.

1° Combien y a-t-il d'ordres d'arrivée possibles pour ces 5 automobiles ?

2° Quelle est la probabilité pour que l'ordre d'arrivée des voitures soit celui de leur numéro matricule ?

3° Quelle est la probabilité pour que 4 voitures exactement aient pour numéro d'arrivée leur numéro matricule ?

4° Quelle est la probabilité pour que 3 voitures exactement aient pour numéro d'arrivée leur numéro matricule ?

5° Quelle est la probabilité pour que 2 voitures exactement aient pour numéro d'arrivée leur numéro matricule ?

1° Il y a : 5 ! = **120 ordres d'arrivée possibles.**

2° Parmi ces 120 ordres, un seul est celui des numéros matricules. La probabilité est :

$$\frac{\mathbf{1}}{\mathbf{120}}$$

3° Si 4 voitures ont pour numéro d'arrivée leur numéro matricule, obligatoirement la cinquième a aussi pour ordre d'arrivée son numéro matricule, la probabilité est encore : $\frac{\mathbf{1}}{\mathbf{120}}$

Il y a une chance sur 120 pour que quatre voitures aient pour numéro d'arrivée leur numéro matricule.

4° Il y a C_5^3 manières de choisir les trois voitures qui arriveront au rang égal à leur numéro. Les deux autres n'ont qu'une place possible, l'ordre inverse de leur numéro matricule. La probabilité est :

$$\frac{C_5^3}{120} = \frac{\mathbf{1}}{\mathbf{12}}$$

5° On choisit les deux voitures qui arrivent à leur rang de numéro : C_5^2 manières. Les 3 autres ont 3 ! ordres possibles, c'est-à-dire 6. Sur ces 6 ordres, il faut éliminer celui où les trois voitures sont au rang de leur numéro et les trois où l'une des voitures est au rang de son numéro, et les deux autres à un rang différent. Il en reste deux dont l'ordre est différent. La probabilité est donc :

$$\frac{2\,C_5^2}{120} = \frac{\mathbf{1}}{\mathbf{6}}$$

Il y a une chance sur six pour que deux voitures aient pour numéro d'arrivée leur numéro matricule.

Note. Si vous avez du mal à comprendre l'ordre dans lequel les trois voitures vont se trouver, schématisez-le. ABC est l'ordre des numéros matricules. Voici l'énumération (sont soulignées les voitures qui sont à leur rang de numéro) :

$\underline{A}\,\underline{B}\,\underline{C}$ $\underline{A}CB$ $C\underline{B}A$ $BA\underline{C}$ BCA CAB

Deux ordres possibles sont acceptables : BCA et CAB.

7°29 Au Royal Festival Hall, on attendait cette semaine-là quatre orchestres : le lundi, le English Chamber Orchestra, le mardi, le London Symphony Orchestra, le mercredi, le Royal Philarmonic Orchestra, le jeudi, le Hall Orchestra.
Le programme a été bouleversé au hasard.
1° Quelle est la probabilité pour qu'un seul orchestre ait changé de jour ?
2° Quelle est la probabilité pour que l'ordre bouleversé soit précisément l'ordre prévu ?
3° Quelle est la probabilité pour qu'aucun orchestre ne joue le jour prévu ?

1° Il n'est pas possible qu'un orchestre seulement change de jour. Il y en a au moins deux qui permutent. **La probabilité est 0.**

2° Il y a 4! ordres possibles. Un seul est l'ordre prévu. La probabilité est :

$$\frac{1}{4!} = \frac{1}{24}$$

Il y a une chance sur 24 pour que l'on retrouve l'ordre prévu, après bouleversement.

3° Désignons les quatre orchestres par leurs initiales, E, L, R, et M. Les ordres possibles sont, par groupes de quatre, dont les trois derniers sont déduits du premier pour permutation circulaire :

(Ordre prévu)	(On permute les deux derniers)
ELRH	ELHR
LRHE ←	LHRE
RHEL ←	HREL ←
HELR ←	RELH
(On permute les deux premiers)	(On permute le premier et le troisième)
LERH	RLEH
ERHL	LEHR ←
RHLE ←	EHRL
HLER	HRLE ←
(On permute le deuxième et le troisième)	(On permute le premier et le quatrième)
ERLH	HLRE
RLHE	LREH
LHER ←	REHL ←
HERL	EHLR

(Si l'on permute le deuxième et le quatrième, on trouve la situation où l'on permute premier et troisième, après permutation circulaire.)
On a souligné les orchestres qui jouent le jour prévu. Il reste neuf ordres possibles pour lesquels aucun orchestre ne joue le jour prévu.
Il y a 9 chances sur 24 ou 3 chances sur 8 pour qu'aucun orchestre ne joue le jour prévu.

Autre méthode.

Il y a 4 !, soit 24 ordres possibles, parmi lesquels il faut éliminer :

- un qui est l'ordre prévu ;
- le nombre de ceux qui ont trois jours communs avec les jours prévus (cf. 1°) : zéro ;
- le nombre de ceux qui ont deux jours communs avec les jours prévus, égal au nombre de choix possibles de ces deux jours parmi les quatre : $C_4^2 = 6$. En effet, une fois ces deux jours choisis, l'ordre des deux autres est déterminé : c'est l'ordre inverse de l'ordre prévu ;
- le nombre de ceux qui n'ont qu'un jour commun avec les jours prévus. Il y a quatre choix possibles du jour; une fois ce jour déterminé, il faut que les trois autres orchestres se placent de façon qu'aucun ne joue le jour prévu : sur les 3 ! ordres possibles de ces trois, il faut éliminer :

. celui qui est l'ordre prévu,

. ceux où un deuxième orchestre est au jour prévu : 3, alors que les deux autres ont permuté.

Il y a $3! - 1 - 3 = 2$ ordres restants des trois orchestres. Donc, il y a $4 \times 2 = 8$ ordres dans lesquels un seul orchestre joue au jour prévu.

(On peut vérifier sur l'énumération des cas possibles.)

Il reste :

$4! - 1 - C_4^2 - 2 \times 4 = 24 - 1 - 6 - 8 = 9$ ordres où aucun orchestre ne joue le jour prévu.

On retrouve la probabilité : $\frac{9}{24} = \frac{3}{8}$.

⑦°③⓪ Bénédicte, au cours de sa première année de maternelle, a une chance sur quatre d'attraper la varicelle et une chance sur trois de contracter une angine; elle risque même d'avoir les deux maladies dans l'année avec une probabilité de 1/6 . Mais elle a une chance sur dix de ne contracter aucune maladie, ni celles-la ni aucune autre.

1° Quelle est la probabilité pour qu'elle ait une angine, mais pas la varicelle ?

2° Quelle est la probabilité pour qu'elle contracte au moins l'une des deux maladies ?

3° Quelle est la probabilité pour qu'elle ne soit atteinte ni par une angine, ni par la varicelle, mais par une autre maladie ?

4° Elle a eu la varicelle; quelle est la probabilité pour qu'elle ait en plus une angine ?

5° Hélas ! Bénédicte est sujette aux angines à répétition. Tous les mois de froid, elle a une chance sur trois d'avoir une angine. Donnez la loi de probabilité du nombre d'angines que peut contracter Bénédicte durant les cinq mois de froid.

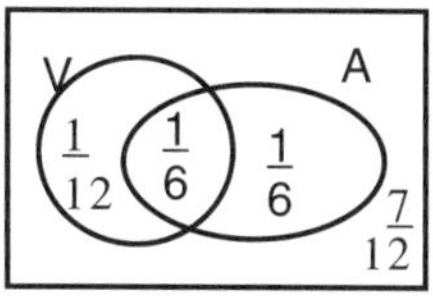

Figure 6

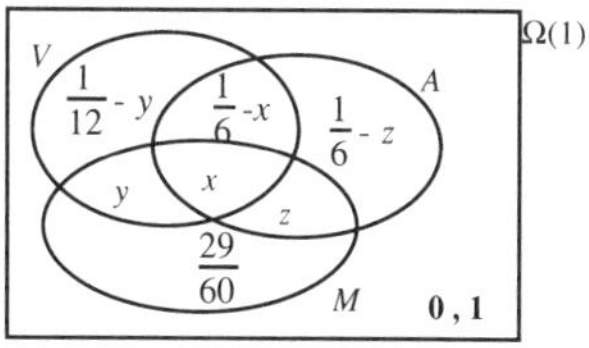

Figure 7

1° On peut dessiner le diagramme de Venn de la figure 6 en notant :

V : elle a la varicelle,

A : elle a une angine.

La probabilité pour qu'elle ait une angine, mais pas la varicelle est :

$$\frac{1}{3} - \frac{1}{6} = \mathbf{\frac{1}{6}}.$$

2° On peut compléter le diagramme de Venn :

$$\Pr\{A \text{ ou } V\} = \frac{1}{6} + \frac{1}{6} + \frac{1}{12} = \frac{5}{12}$$

ou utiliser la formule des probabilités composées :

$$\Pr\{A \text{ ou } V\} = \Pr\{A\} + \Pr\{V\} - \Pr\{A \text{ et } V\}$$
$$= \frac{1}{4} + \frac{1}{3} - \frac{1}{6} = \frac{5}{12} \approx 0{,}417.$$

Il y a 5 chances sur 12 pour que Bénédicte attrape au moins l'une des deux maladies.

3° Elle a une chance sur 10 de n'avoir aucune maladie, donc 9 chances sur 10 d'en attraper une. La probabilité pour que ce ne soit ni la varicelle ni une angine est :

$$\frac{9}{10} - \frac{5}{12} = \frac{54-25}{60} = \frac{29}{60} \approx 0{,}483.$$

Elle a près d'une chance sur deux d'attraper une autre maladie.

N.B. On peut dessiner un diagramme de Venn (figure 7) algébriquement complet (puisque certaines probabilités sont inconnues), avec :

M : Bénédicte a une autre maladie,

$x = \Pr\{V \text{ et } A \text{ et } M\}$ $\quad y = \Pr\{V \text{ et } A\} - x$

$z = \Pr\{A \text{ et } M\} - x$.

4° Il s'agit d'une probabilité conditionnelle pour laquelle on peut utiliser le diagramme de la figure 6 ; Bénédicte a une probabilité :

$$\frac{\frac{1}{6}}{\frac{1}{4}} = \frac{4}{6} = \frac{2}{3}$$

d'avoir aussi une angine.

Si Bénédicte attrape la varicelle, elle a deux chances sur trois d'avoir aussi une angine.

5° Soit *X* le nombre d'angines de Bénédicte. La probabilité pour qu'elle ait zéro angine est la probabilité pour qu'elle n'ait pas d'angine le premier mois **et** pas d'angine le second, etc. C'est :

$$\left(\frac{2}{3}\right) \times \left(\frac{2}{3}\right) \cdots = \left(\frac{2}{3}\right)^5$$

La probabilité pour qu'elle ait une angine le premier mois et aucune un autre mois est :

$$\frac{1}{3} \times \left(\frac{2}{3}\right)^4$$

Mais elle peut avoir une angine le deuxième mois, ou un autre mois. Le nombre de manières de choisir le mois est 5 (C_5^1) et la probabilité pour qu'elle ait une angine et une seule durant les cinq mois est :

$$5 \cdot \frac{1}{3}\left(\frac{2}{3}\right)^4$$

La probabilité pour qu'elle ait deux angines est le nombre de manières de choisir les deux mois « à angine » ($C_5^2 = 10$) multiplié par :

$$\left(\frac{1}{3}\right)^2 \left(\frac{2}{3}\right)$$

On calcule de même les autres probabilités et on obtient la loi suivante :

x	0	1	2	3	4	5
$\Pr\{X = x\}$	$\left(\frac{2}{3}\right)^5$	$5\,\frac{1}{3}\left(\frac{2}{3}\right)^4$	$10\left(\frac{1}{3}\right)^2\left(\frac{2}{3}\right)^3$	$10\left(\frac{1}{3}\right)^3\left(\frac{2}{3}\right)^2$	$5\left(\frac{1}{3}\right)^4\left(\frac{2}{3}\right)$	$\left(\frac{1}{3}\right)^5$
	0,1317	0,3292	0,3292	0,1646	0,0312	0,0041

8. INITIATION À LA STATISTIQUE

Rappels

La statistique permet l'étude des informations chiffrées. En statistique, l'ensemble de référence s'appelle la **population**. Une population est étudiée selon des **caractères** qui peuvent être **quantitatifs** (on leur donne le nom de *variables*) ou **qualitatifs** (cf. Chapitre 1).

On peut réaliser une **partition par intervalles numérotés** ou **une partition numérotée**. On calcule (chapitre 3 §5) le **mode**, la **médiane** et la **moyenne**, dits **caractéristiques de tendance centrale,** et l'**étendue, la variance et l'écart-type, caractéristiques de dispersion**. Chaque intervalle est une **classe**; le nombre d'éléments de chaque classe est l'**effectif** de la classe; la proportion d'éléments de chaque classe est sa **fréquence**; les classes sont disjointes; l'*amplitude* d'une classe est la différence des deux valeurs qui la limitent.

1. Variable continue ou groupée par intervalles

(On retrouve les mêmes définitions et on peut dessiner les mêmes diagrammes pour une variable statistique que pour une variable aléatoire, cf. chapitres 3, §5 et 6)

Un **histogramme** donne une image de la distribution; la variable est placée en abscisse, et les effectifs par unité d'amplitude (ou les fréquences) en ordonnée. Les *aires* sont proportionnelles aux nombres d'unités statistiques. On choisit une « unité d'amplitude » qui peut être l'unité usuelle et on place en ordonnée la hauteur h_i de la bande de façon que :

$$h_i = \frac{\text{Effectif de } I_i}{\text{Nombre d'unités d'amplitude de } I_i}$$

Lorsque les unités statistiques sont classées selon les valeurs croissantes de la variable, la **médiane** est la valeur de la variable correspondant à l'unité statistique qui se trouve au milieu. Si le nombre d'observations est pair, on choisit en général la moyenne arithmétique des valeurs des deux observations qui se trouvent au milieu. Si les classes sont nombreuses et l'effectif total égal à n, on prend l'observation de rang $\frac{n}{2}$. Si les données sont réparties en classes, on effectue un calcul de proportionnalité à l'intérieur de la classe qui se trouve au milieu (voir exercice **8-1**).

On appelle **mode** la valeur observée le plus fréquemment :
- sur les données brutes, il suffit d'observer les effectifs.
- sur les données réparties en classes, on appelle classe modale la classe qui a le plus fort effectif par unité d'amplitude.

La **moyenne** d'une série statistique est la moyenne arithmétique des données. On écrit $\bar{x}$: « $\bar{x}$ barre », moyenne de la variable X. On peut utiliser pour ce calcul une calculatrice à fonction statistique. Si les données sont *classées* (intervalles numérotés), on suppose, en général, que la valeur moyenne de la variable à l'intérieur de la classe est égale au « centre de classe », c'est-à-dire à la moyenne arithmétique des deux extrémités.

Mode, moyenne et médiane sont des caractéristiques de tendance centrale, mesurées dans la même unité que la variable : elles permettent de *résumer* la série statistique par un seul chiffre. Mais cet unique chiffre n'a de sens que si l'on tient compte de la manière dont les données se dispersent autour de la valeur centrale. D'où la nécessité de **caractéristiques de dispersion** :

L'**étendue** d'une série statistique est la différence entre l'observation la plus élevée et l'observation la plus faible.

La **variance** d'une série statistique est la variance des données, c'est-à-dire la moyenne arithmétique des carrés des écarts à la moyenne. On écrit : $V(X)$: « Variance de X ». On peut utiliser pour ce calcul une calculatrice à fonction statistique. Si les données sont réparties en *classes* (intervalles numérotés), on remplace les valeurs isolées par la valeur moyenne de la variable à l'intérieur de la classe, le « centre de classe ». On démontre qu'on peut la calculer comme la moyenne des carrés de la variable diminué du carré de la moyenne. La variance n'est pas mesurée dans la même unité que la variable ; son unité serait le carré de celle de la variable, ce qui le plus souvent est purement abstrait. On calcule donc :

L'**écart-type** d'une série statistique, qui est la racine carrée de la variance et se mesure dans la même unité que la variable.

2. *Variable discrète*

Les classes sont les valeurs de la variable. La représentation graphique se fait à l'aide d'un diagramme structuré ou plus habituellement d'un **diagramme à bâtons**. Les valeurs de la variable sont en abscisse ; au-dessus de chaque valeur est tracé un « bâton », ou ligne épaisse, dont la longueur est proportionnelle à l'effectif ou à la fréquence.

Les définitions de la médiane, de la moyenne, du mode, de l'étendue, de la variance et de l'écart-type sont les mêmes que lorsque la variable est continue.

3. *Caractère qualitatif*

Un caractère qualitatif à plusieurs modalités peut être représenté par un diagramme structuré, mais aussi par un diagramme à bande : la longueur des bandes est proportionnelle à l'effectif, mais l'axe horizontal n'a aucune signification.

On peut aussi faire la représentation par un diagramme à secteur dans lequel l'angle de chaque secteur est proportionnel à l'effectif (ou à la fréquence) de chaque modalité.

Exercices

⑧°① Par un beau week-end, des personnes âgées se réunissent à Beauville-sur-Mer. Les unes descendent à l'hôtel Majestic, d'autres au Carlton, d'autres enfin au Victoria. Voici l'analyse statistique par âge de chacun des groupes ainsi formés placés dans un ordre quelconque :

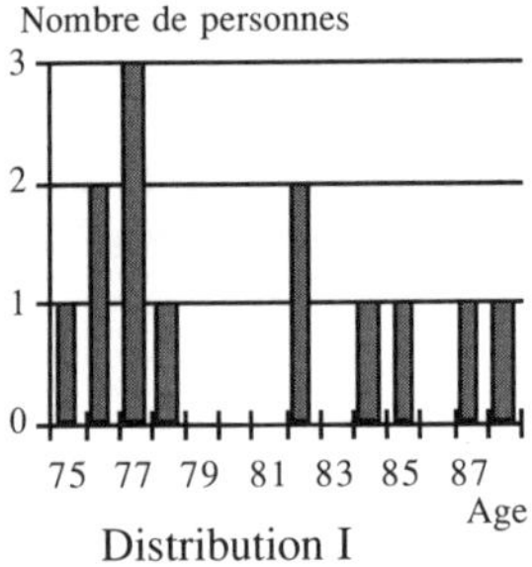

Distribution I

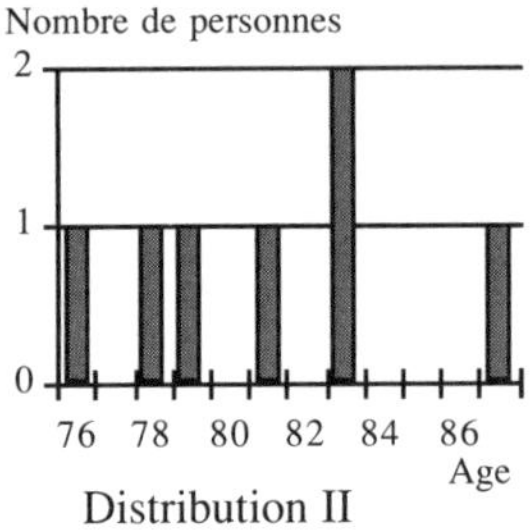

Distribution II

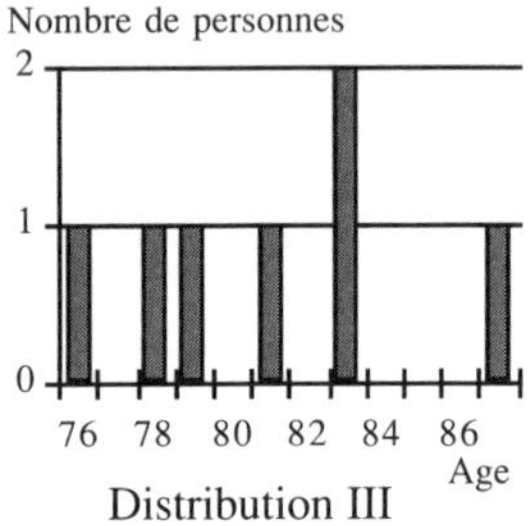

Distribution III

Pour les clients de l'hôtel Majestic, l'âge médian est égal à l'âge moyen; pour les clients, du Carton, l'âge médian est supérieur à l'âge moyen, et pour les clients du Victoria, c'est l'inverse. Le groupe le plus nombreux est-il alors descendu à l'hôtel Majestic, à l'hôtel Carlton ou à l'hôtel Victoria?

▼ *Il est possible d'éviter le grand tableau en lisant directement le graphique et en cumulant les « $n_i x_i$ » dans la calculatrice.*

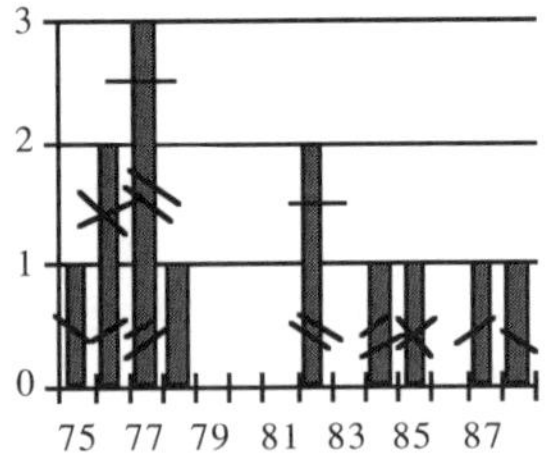

Figure 1

Mettons la répartition des âges sous forme de tableau, pour faciliter les calculs :

Age	Distribution I		Distribution II		Distribution III	
x_i	Nombre n_i	$n_i x_i$	Nombre n_i	$n_i x_i$	Nombre n_i	$n_i x_i$
73	-	-	-	-	1	73
74	-	-	-	-	-	-
75	1	75	-	-	-	-
76	2	152	1	76	2	152
77	3	231	-	-	-	-
78	1	78	1	78	-	-
79	-	-	1	79	1	79
80	-	-	-	-	1	80
81	-	-	1	81	-	-
82	2	164	-	-	-	-
83	-	-	2	166	-	-
84	1	84	-	-	1	84
85	1	85	-	-	2	170
86	-	-	-	-	2	172
87	1	87	1	87	1	87
88	1	88	-	-	-	-
Total	13	1044	7	567	11	897

On calcule les *moyennes* :

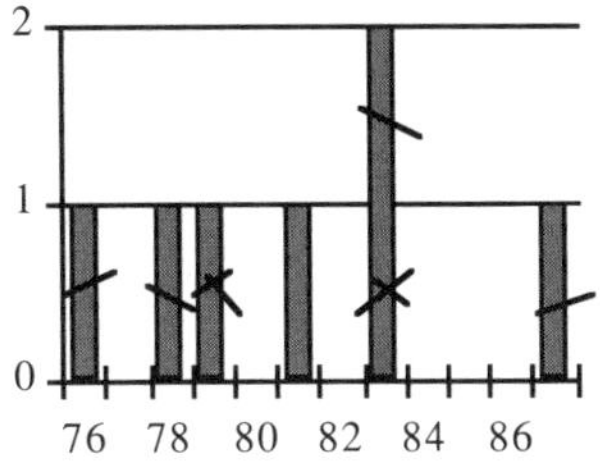

Figure 2

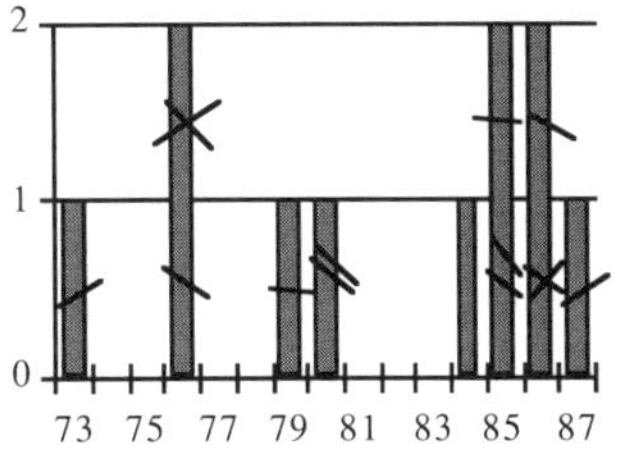

Figure 3

Pour la distribution l :

$$\overline{x} = \frac{1044}{13} \approx 80{,}31 \text{ ans.}$$

Pour la distribution ll :

$$\overline{x'} = \frac{567}{7} \approx 81 \text{ ans.}$$

Pour la distribution lll :

$$\overline{x''} = \frac{897}{11} \approx 81{,}55 \text{ ans.}$$

Les effectifs sont faibles; on peut prendre pour *médiane* l'observation dont le rang est tel qu'il y ait autant de personnes d'âge plus faible que de personnes d'âge plus élevé, donc le septième pour la distribution l, le quatrième pour la distribution ll, la sixième pour la distribution lll.

On peut utiliser le tableau ou, de façon plus évocatrice, barrer systématiquement les extrêmes sur les graphiques donnés (figure 1 à 3).

Les résultats figurent dans le tableau récapitulatif suivant, où on a placé le nom de l'hôtel après comparaison de la moyenne et de la médiane.

	Moyenne	Médiane	Effectif	
Distribution l	80,31	78	13	Victoria
Distribution ll	81	81	7	Majestic
Distribution lll	81,55	84	11	Carlton

Le groupe le plus nombreux (13 personnes, distribution l) est donc descendu à l'hôtel Victoria.

⑧°② A l'hôpital Sainte-Sophie, mille bébés sont nés cette année. Voici comment se répartissent leur poids :

De 2 à 2,5 kg	De 2,5 à 3 kg	De 3 à 3,5 kg	De 3,5 à 4,5 kg	De 4,5 à 5,5 kg
40	200	300	400	60

Seuls 10 % des bébés était de poids plus élevé que Sébastien, et seuls 10 % de poids plus faible qu'Apolline. Quelle est la différence de poids entre Apolline et Sébastien ?

10 % de bébés, cela représente cent bébés. Apolline avait le poids du centième bébé, en supposant les bébés rangés par ordre de poids de naissance.

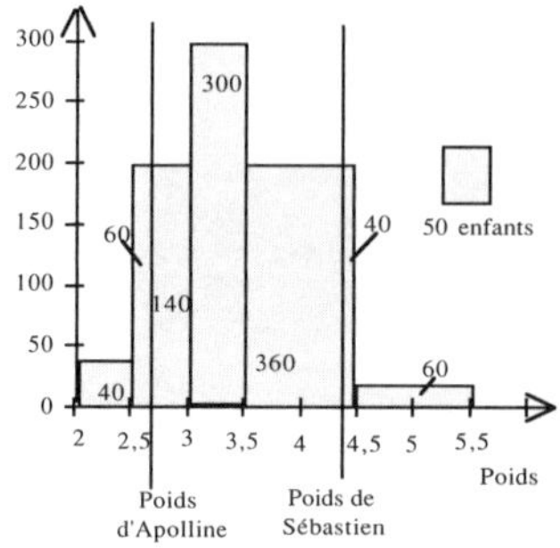

Figure 4

Première méthode.

On dessine l'histogramme avec une unité d'amplitude 0,5 kg ; pour les deux classes d'amplitude 1 kg, la hauteur de bande est la moitié de l'effectif (figure 4).

Sébastien n'est pas dans la première classe, mais dans la seconde. Dans la première classe, il y a 40 bébés ; il faut donc diviser la seconde classe (voir barre verticale), de façon qu'il y ait 60 bébés d'un côté et 200 - 60 = 140 de l'autre. On arrive ainsi au (40 + 60 =) centième bébé. Le poids d'Apolline était donc de :

$$2,5 + \frac{60}{200}(3 - 2,5) = 2,65 \text{ Kg}$$

De même, Sébastien avait le poids du neuf centième bébé, c'est-à-dire qu'il y a 100 bébés de poids supérieur au sien : les 60 de la classe « 4,5 à 5,5 kg » et 40 pris dans la classe 3,5 à 4,5 kg ; son poids est donc de :

$$4,5 - (5,5 - 4,5)\frac{40}{400} = 4,4 \text{ kg}$$

Deuxième méthode

On écrit les effectifs cumulés et on cherche le poids du centième et celui du neuf centième bébé.

Poids	Nombre de bébés de poids inférieurs
2	0
2,5	40
a	← 100
3	240
3,5	540
b	← 900
4,5	940
5,5	1000

Le poids *a* d'Apolline se situe entre 2,5 et 3 kg, au rang 100 ; on l'obtient à l'aide d'une proportion :

$$\frac{a - 2,5}{3 - 2,5} = \frac{100 - 40}{240 - 40}$$

$$a = 2,5 + 0,5 \times \frac{60}{200} = 2,65 \text{ Kg}$$

(On aboutit, bien entendu, au même calcul que précédemment.)

De même, le poids b de Sébastien est tel que :

$$\frac{b - 3{,}5}{4{,}5 - 3{,}5} = \frac{900 - 540}{940 - 540}$$

$$b = 3{,}5 + \frac{360}{400} = 4{,}4 \text{ kg.}$$

La différence de poids entre Apolline et Sébastien est de 1,75 kg.

N.B. : 1. Les poids d'Apolline et de Sébastien sont le premier « décile » et le neuvième décile de la distribution des poids.
2. Une hypothèse est faite : la répartition des poids des bébés à l'intérieur d'une classe est proportionnelle à l'effectif. C'est la seule hypothèse possible en l'absence d'autres renseignements.

⑧°③ Au lycée Chateaubriand, cent élèves se sont présentés au baccalauréat l'an dernier. Trente d'entre eux ont eu une note globale comprise entre 0 et 8 et ont donc été refusés. Vingt-cinq ont eu une note globale comprise entre 8 et 10, et ont dû se présenter à l'oral, trentre-cinq ont eu une note globale comprise entre 10 et 12 et ont été reçus sans mention. Cinq ont eu une note globale comprise entre 12 et 14, c'est-à-dire la mention assez bien et les autres ont eu la mention bien car leur note globale était comprise entre 14 et 16 (il n'y a pas eu de mention très bien).
1° Représentez cette situation par un diagramme de Venn complet, en explicitant la partition par intervalles numérotés correspondante.
2° Dessinez l'histogramme des notes des élèves du lycée Chateaubriand.
3° Quel est l'intervalle modal ?
4° Quelle est l'étendue ?
5° Calculez la note moyenne des élèves du lycée et l'écart type des notes.
6° Comparez cette série de notes à celles obtenues par cent élèves du lycée Jean-Monnet au même baccalauréat : la moyenne était 8,72 et l'écart type 5,8.

1° On a le diagramme de la figure 5 (en comptant le nombre de « mentions bien » : 100 - (30 + 25 + 35 + 5) = 5). On désigne par X la variable statistique : note de l'élève.

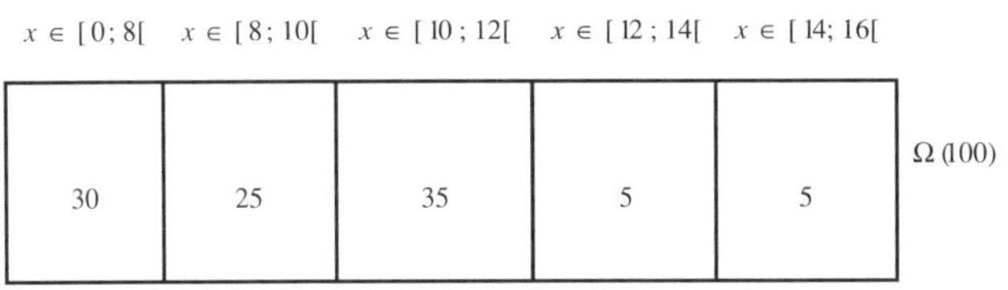

Figure 5

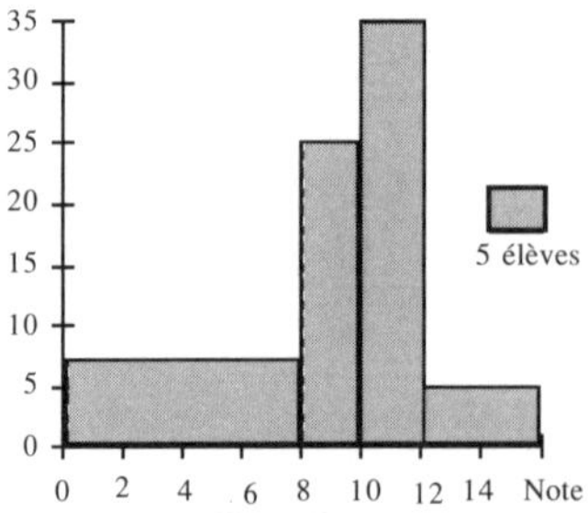

Figure 6

2° Les classes sont de même amplitude, sauf la première. Choisissons l'unité d'amplitude 2. La hauteur du premier rectangle de l'histogramme doit alors être :

$$\frac{30 \times 2}{8} = \frac{30}{4} = 7{,}5.$$

Les autres hauteurs sont égales à l'effectif de la classe, d'où l'histogramme de la figure 6.

3° On voit sur l'histogramme que l'intervalle modal, celui qui a le plus grand effectif par unité d'amplitude, est « **de 10 à moins de 12** ».
4° L'étendue semble être de 0 à 16, soit **16** points.
5° Calculons la note moyenne. Pour cela, il faut calculer les centres de classes, moyenne des deux extrémités de la classe, ce qui revient à considérer, par exemple, que les 30 élèves qui ont obtenu entre 0 et 8 ont eu en moyenne la note 4 ; on compte leurs notes dans la moyenne par :

$$30 \times 4 = 120$$

(Voir la quatrième colonne du tableau.)

Tableau 1

Notes	Centre de classe (1)	Effectif (2)	Produit (3) = (1) x (2)	Produit (4) = (1) x (3) = (2) x (1) x (1)
0 à mois de 8	4	30	120	480
8 à moins de 10	9	25	225	2 025
10 à moins de 12	11	35	385	4 235
12 à moins de 14	13	5	65	845
14 à moins de 16	15	5	75	1 125
Total		100	870	8 710

La note moyenne est :

$$\overline{x} = \frac{870}{100} = \mathbf{8{,}7}.$$

▼ *La variance serait mesurée en "points au carré" !!!*

On calcule de même la variance pour en déduire l'écart type. La variance est calculée comme la différence entre la moyenne des carrés et le carré de la moyenne :

$$V(X) = \frac{8\,710}{100} - (8{,}7)^2 = 11{,}41.$$

L'écart-type vaut donc :

$$\sigma_x = \sqrt{11{,}41} \approx 3{,}37 \text{ points.}$$

▼ *Le rôle de l'écart type apparaît ici : il mesure la dispersion. Les distributions des notes d'élèves des deux lycées sont beaucoup plus différentes que ne le laisserait supposer la comparaison de leurs moyennes.*

Les élèves du lycée Chateaubriand ont obtenu une moyenne de 8,7 avec un écart type de 3,37.
6° Les moyennes des notes obtenues dans les deux lycées sont très voisines. On pourrait en conclure que les distributions des notes sont les mêmes. Mais la comparaison des écarts types montre qu'au lycée Jean-Monnet les notes sont beaucoup plus dispersées qu'au lycée Chateaubriand. Cela signifie que beaucoup d'élèves du lycée Jean-Monnet ont des notes inférieures ou supérieures à la moyenne (par exemple 0, 1 ou au contraire 14 ou 16 ou même davantage, donc, probablement une ou des mentions très bien). Au contraire, on observe à Chateaubriand une certaine concentration autour de la moyenne : pas de mention très bien, relativement peu de mauvaises notes. La classe de Chateaubriand est plus homogène que celle de Jean-Monnet.

⑧°④ Voici des informations sur la taille des 15 filles et des 21 garçons de la terminale D du lycée Blaise-Pascal :

Taille	Nombre de garçons et de filles
1,50m à moins de 1,60m	6 filles
1,60m à moins de 1,65m	5 filles, 2 garçons
1,65m à moins de 1,70m	3 filles, 4 garçons
1,70m à moins de 1,75m	1 fille, 8 garçons
1,75m à moins de 1,85m	5 garçons
1,85m à moins de 1,90m	2 garçons

1° Étudiez d'abord les tailles des filles avec histogramme, intervalle modal, médiane, étendue, moyenne et écart-type.
2° Faites la même chose en ce qui concerne les garçons. Représentez l'histogramme sur le même graphique que celui des filles.
3° Établissez la distribution de l'ensemble des élèves de la classe, garçons et filles réunis. Recherchez la classe modale, l'étendue et la moyenne.
4° Vérifiez la formule suivante :
Moyenne générale = proportion de filles x moyenne pour les filles
+ proportion de garçons x moyenne pour les garçons.
5° Comparez les tailles des filles et celles des garçons, à l'aide des résultats que vous avez trouvés.

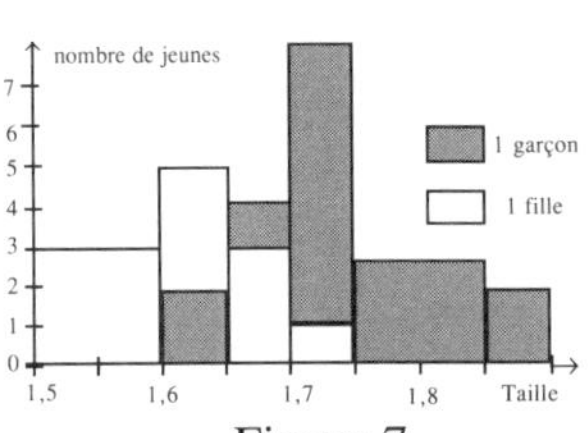

Figure 7

1° et 2° Le tracé de l'*histogramme* ne pose aucun problème, puisque les classes ont même amplitude, excepté la première et l'avant-dernière. Si l'on choisit pour unité d'amplitude 5 cm, il faut prendre un effectif par unité d'amplitude de 6/2 = 3 pour les filles de la première classe et de 5/2 = 2,5 pour les garçons de la cinquième (figure 7, les filles en blanc,

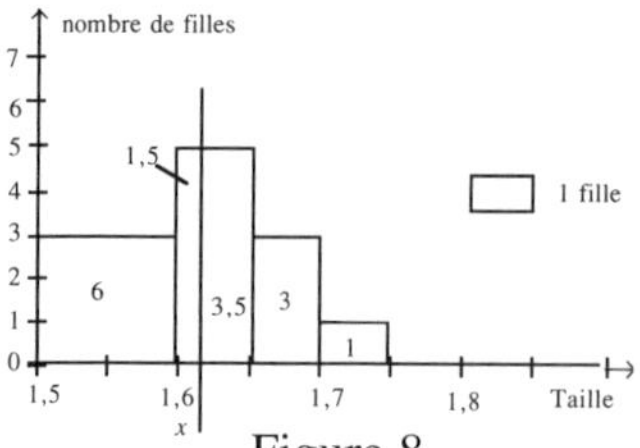

Figure 8

les garçons en grisé ; on peut également trouver les histogrammes séparés sur les figures 8 et 9 page suivante).

L'histogramme qui correspond aux tailles des filles est nettement plus à gauche que celui qui représente les tailles des garçons : **les garçons sont plus grands que les filles.**

Les *intervalles modaux* sont :

- **1,60 à moins de 1,65 m pour les filles**
- **1,70 à moins de 1,75 m pour les garçons.**

On calcule les *moyennes* en utilisant les centres de classe ; pour les filles :

$$\bar{x}_F = \frac{6 \times 1{,}55 + 5 \times 1{,}625 + 3 \times 1{,}675 + 1 \times 1{,}725}{15}$$

$$= \frac{24{,}175}{15} \approx 1{,}61167 \text{ soit } 1{,}61 \text{ m}$$

pour les garçons :

$$\bar{x}_G = \frac{2 \times 1{,}625 + 4 \times 1{,}675 + 8 \times 1{,}725 + 5 \times 1{,}8 + 2 \times 1{,}875}{21}$$

$$= \frac{36{,}5}{15} \approx 1{,}738 \text{ soit } 1{,}74 \text{ m}$$

On calcule les *variances* en utilisant les centres de classe ; pour les filles :

$$V(X_F) = \frac{6 \times 1{,}55^2 + 5 \times 1{,}625^2 + 3 \times 1{,}675^2 + 1 \times 1{,}725^2}{15} - 1{,}61167^2 = \frac{39{,}0106}{15} - 1{,}61167^2 \approx 0{,}0032$$

soit un écart type d'environ : $\sqrt{0{,}0032} \approx 0{,}0568$, c'est-à-dire **5 à 6 cm**.

Pour les garçons :

$$V(X_G) = \frac{2 \times 1{,}625^2 + 4 \times 1{,}675^2 + 8 \times 1{,}725^2 + 5 \times 1{,}8^2 + 2 \times 1{,}875^2}{21} - 1{,}7381^2 = \frac{63{,}54}{21} - 1{,}7381^2 \approx 0{,}0047$$

soit un écart type d'environ : $\sqrt{0{,}0047} \approx 0{,}0687$, c'est-à-dire **6 à 7 cm**.

Pour calculer les *médianes*, inscrivons les effectifs cumulés.

▼ *Pour le calcul de la variance, on a intérêt à garder autant de décimales que la calculatrice le permet, tant pour les calculs que pour la moyenne.*
Autant il était nécessaire d'arrondir les tailles moyennes pour les représenter, puisque la taille d'une personne ne peut être connue avec une précision inférieure au centimètre, autant il faut garder toutes les décimales pour faire le calcul de la variance. Celle-ci est très sensible aux erreurs d'arrondis. On risquerait de trouver une variance négative.
Une variance, moyenne de carrés, est positive. Si vous trouvez une variance négative, vous avez fait une erreur de calcul ou d'arrondi.

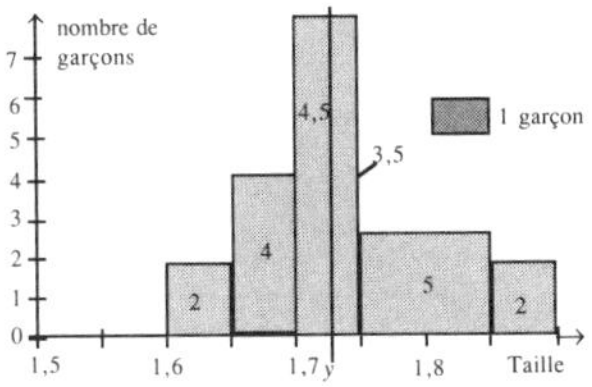

Figure 9

Tableau I : nombre de jeunes
plus petits qu'une taille donnée

Taille	Nombre de garçons de taille inférieure	Nombre de filles de taille inférieure	Nombre de jeune de taille inférieure
1,50m	0	0	0
1,60	0	6	6
1,65	2	11	13
1,70	6	14	20
1,75	14	15	29
1,85	19	15	34
1,90	21	15	36

La taille médiane des filles M_f correspond à la taille comprise entre celle de la septième fille et celle de la huitième : observation de rang 15/2 = 7,5. Cette « observation » se situe dans la classe « 1,60 à moins de 1,65 m ». Écrivons la proportion :

1,60	6
M_f	7,5
1,65	11

$$\frac{M_f - 1{,}60}{1{,}65 - 1{,}60} = \frac{7{,}5 - 6}{11 - 6}$$

$$M_f = 1{,}6 + 0{,}05 \; \frac{1{,}5}{5} = 1{,}615 \text{ m.}$$

On peut aussi tracer sur l'histogramme (figure 8) une droite qui partage l'aire en deux parties égales. L'abscisse de cette droite est la médiane; elle est égale à 1,6 + x avec :

$$\frac{x}{0{,}05} = \frac{1{,}5}{5} \qquad x = 0{,}015.$$

La taille médiane des filles est 1,615 m.

La taille médiane des garçons M_g correspond à la taille comprise entre celle du dixième garçon et celle du onzième; c'est l'observation de rang :

21/5 = 10,5.

Cette observation se situe dans la classe « 1,70 à moins de 1,75 m ». Écrivons la proportion :

1,70	6
M_g	10,5
1,75	14

$$\frac{M_g - 1{,}70}{1{,}75 - 1{,}70} = \frac{10{,}5 - 6}{14 - 6}$$

$$M_g = 1{,}70 + 0{,}05 \text{x} \; \frac{4{,}5}{8} = 1{,}728.$$

On peut aussi tracer sur l'histogramme (figure 9) une droite qui partage l'aire en deux parties égales. L'abscisse de cette droite est la médiane; elle est égale à 1,7 + y avec :

$$\frac{y}{0{,}05} = \frac{4{,}5}{8} \qquad y = 0{,}028$$

La taille médiane des garçons est de 1,728 m.

L'**étendue** est :

1,75 - 1,50 = **0,25 m pour les filles** ;
1,90 - 1,60 = **0,30 m pour les garçons.**

3° La distribution des élèves de la classe est donnée par les deux premières colonnes du tableau II.

Tableau II : distribution de l'ensemble des élèves de la classe

Taille	Centre de classe (1)	Nombre d'élèves (2)	Produit (1) x (2) = (3)	Produit (1) x (3) = (4)
1,50 à moins de 1,60 m	1,550	6	9,300	14,4150
1,60 à moins de 1,65 m	1,625	7	11,375	18,4844
1,65 à moins de 1,70 m	1,675	7	11,725	19,6394
1,70 à moins de 1,75 m	1,725	9	15,525	26,7806
1,75 à moins de 1,85 m	1,800	5	9,000	16,2000
1,85 à moins de 1,90 m	1,875	2	3,750	7,0313
Total		36	60,675	102,5506

L'intervalle modal est de1,70 à moins de 1,75 m. (Il se trouve qu'il correspond à celui des garçons seuls, mais l'intervalle modal de l'ensemble pourrait être différent de celui de chacune des deux distributions.)

La taille **médiane**, M, doit être calculée et ne peutêtre déduite des précédentes. Elle a pour rang : 36/2

1,65	13
M	18
1,70	20

$$\frac{M - 1{,}65}{1{,}70 - 1{,}65} = \frac{18 - 13}{20 - 13}$$

$$M = 1{,}65 + 0{,}05 \times \frac{5}{7} = \mathbf{1{,}686\ m}$$

(On peut aussi tracer l'histogramme.)

▼ *La variance de la distribution complète est ici inférieure aux variances des distributions séparées. Cela tient à ce que garçons et filles ont, pour la plupart, des tailles comprises entre 1,6 m et 1,75 m.*

On calcule directement **la moyenne** de l'ensemble (tableau II) :

$$\overline{x} = \frac{60{,}675}{36} = 1{,}6854,\ \text{soit}\ \mathbf{1{,}69\ m}.$$

et sa variance :

$$V(X) = \frac{102{,}5506}{36} - \left(\frac{60{,}675}{36}\right)^2 \approx 0{,}0029.$$

D'où l'**écart type** :

$$\sigma_x = \sqrt{0{,}0029} \approx 0{,}0536 \text{ soit } \mathbf{environ\ 5\ cm}.$$

▼ *Il n'existe pas de formule analogue pour la variance et l'écart type : les écarts à la moyenne sont calculés sur des moyennes différentes dans les deux sous-populations.*

4° On peut aussi obtenir la moyenne de l'ensemble par la formule donnée dans l'énoncé :

$$\overline{x} = \frac{15 \times \overline{x}_F + 21\ \overline{x}_g}{36}$$

$$= \frac{15 \times 1{,}611 + 21 \times 1{,}7381}{36} = \frac{24{,}175 + 36{,}5}{36} = 1{,}6854 \text{ m.}$$

Il s'agit de la moyenne des deux groupes, garçons et filles, pondérée par leurs effectifs. **L'identité des résultats confirme la formule.**

5° On voit facilement que les garçons sont plus grands que les filles d'environ 13 cm. Les tailles médianes sont voisines des tailles moyennes et sont presque aussi différentes; on voit aussi sur les histogrammes qu'il y a presque symétrie des deux distributions autour de la moyenne ou de la médiane qui sont dans la classe modale : il y a à peu près autant de filles ayant 10 à 20 cm de moins que la moyenne que de filles ayant 10 à 20 cm de plus que la moyenne; on observe la même symétrie pour les garçons.
La distribution des tailles des garçons est un peu plus dispersée que celle des filles.

⑧°⑤ Les nombres de mariages, selon l'âge de l'épouse, ont été les suivants, en France, les années 1948 et 1989 *(source : INSEE)*

Age de l'épouse	Nombre de mariages (en milliers) en 1948	Nombre de mariages (en milliers) en 1989
15 à moins de 20 ans	55	11
20 à moins de 25 ans	161	114
25 à moins de 30 ans	66	78
30 à moins de 34 ans	17	30
35 à moins de 40 ans	16	16
40 à moins de 50 ans	17	14
50 à moins de 60 ans	7	5
60 à moins de 80 ans	2	2

1° Tracez les histogrammes des deux distributions de mariages selon les âges.
2° Déterminez l'intervalle modal et l'étendue de ces partitions par intervalles numérotés.
3° Calculez les moyennes, médianes, et écart types correspondants.
4° Y a-t-il des différences entre les années 1948 et 1989? Lesquelles?

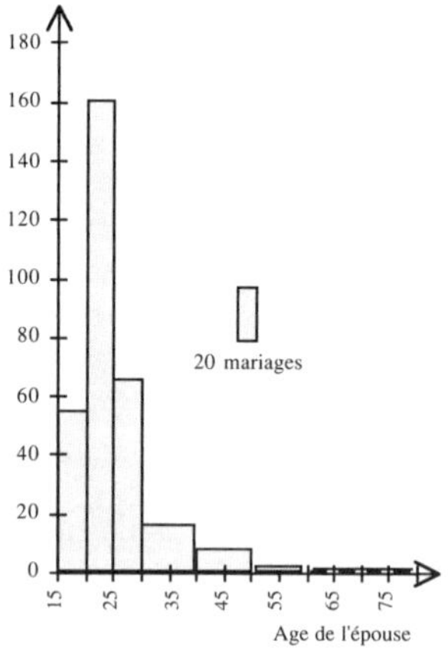

Figure 9 : 1948

1° On peut choisir pour unité l'amplitude 5 ans. Les hauteurs des rectangles représentant les classes dont l'amplitude est différente de 5 ans sont alors :

	1948	1989
40 à moins de 50 ans	$\frac{17}{2} = 8,5$	$\frac{14}{2} = 7$
50 à moins de 60 ans	$\frac{7}{2} = 3,5$	$\frac{5}{2} = 2,5$
60 à moins de 80 ans	$\frac{2}{4} = 0,5$	$\frac{2}{4} = 0,5$

On en déduit les deux histogrammes des figures 9 et 10.

2° L'intervalle modal est « **20 à moins de 25 ans** », que ce soit en 1948 ou en 1989 : c'est la classe d'âge où les mariages sont les plus nombreux, représentée sur l'histogramme par la bande la plus longue.

3° On peut faire le tableau de calculs suivant, en veillant à la disposition; les effectifs cumulés doivent être placés en face des âges auxquels ils correspondent : « 0 mariage à moins de 15 ans », « 55 (mille) mariages à moins de 20 ans », etc.

Tableau de calculs (1948)

Ages	Effectifs 1948 (1)	Effectifs cumulés	Centre de classe (2)	Produit (1) x (2) = (3)	Produit (2) x (3)
15		0			
	55		17,5	962,5	16 843,75
20		55			
	161		22,5	3 642,5	81 506,25
25		216			
	66		27,5	1 815,0	49 912,50
30		282			
	17		32,5	552,5	17 956,25
35		299			
	16		37,5	600,0	22 500,00
40		315			
	17		45	765,0	34 425,00
50		332			
	7		55	385,0	21 175,00
60		339			
	2		70	140,0	9 800,00
80		341			
Total	341			8 842,5	254 118,75

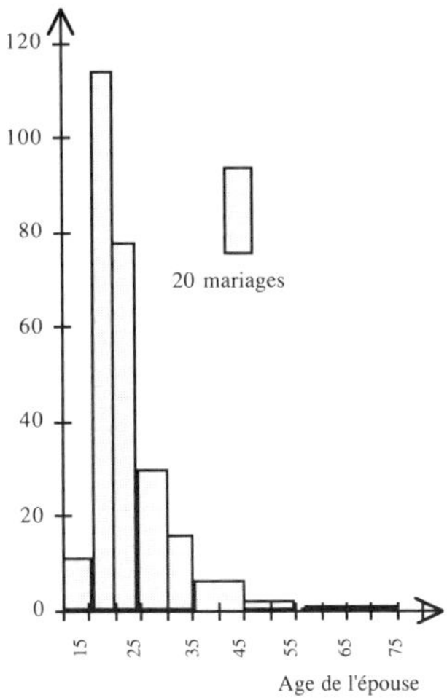

Figure 10 : 1989

On peut calculer, pour 1948, la **médiane**, observation de rang :

$$\frac{341}{2} = 170{,}5.$$

20	55
M	170,5
25	216

$$\frac{M - 20}{25 - 20} = \frac{170{,}5-55}{216-55}$$

M ≈ 23,59 ans.

Et la **moyenne** :

$$\overline{x} = \frac{8\,842{,}5}{341} \approx \mathbf{25{,}93\ ans}.$$

et la variance :

$$V(X) = \frac{254\,118{,}75}{341} - \left(\frac{8\,842{,}5}{341}\right)^2 = 72{,}7951,$$

ce qui donne **l'écart type** :

$$\sqrt{72{,}7951} \approx \mathbf{8{,}53\ ans.}$$

Par la même méthode, on trouve pour les mariages 1989 :

M = 25,64 ans

$\overline{\mathbf{x}} \approx$ **27,86 ans**

$$V = \frac{227\,531{,}25}{270} - \left(\frac{7\,522{,}5}{270}\right)^2 \approx 66{,}4668$$

$\sigma \approx$ **8,15 ans.**

4° Il apparaît qu'il y a beaucoup moins de mariages en 1989 qu'en 1948 (270 000 contre 341 000). La comparaison des histogrammes montre qu'il y a cependant davantage de mariages entre 25 et 35 ans en 1989 qu'en 1948; ce résultat montre que l'âge au mariage s'est élevé entre les deux périodes. Il est confirmé par la médiane et la moyenne, qui ont augmenté de deux ans. On se marie moins et plus tard en 1989 qu'en 1948. Par contre, la dispersion des âges au mariage a peu diminué entre les deux périodes : l'histogramme s'est déplacé sans beaucoup changer de forme.

⑧°⑥ L'entreprise Rem emploie 4 000 salariés dont les rémunérations mensuelles sont reportées dans le tableau suivant :

Tranches de salaires	Effectifs
Moins de 6 000 F	310
6 000 F à moins de 7 000 F	630
7 000 F à moins de 8 000 F	1 050
8 000 F à moins de 10 000 F	1 220
10 000 F à moins de 20 000 F	630
20 000 F à moins de 50 000 F	160

1° Déterminez le salaire le plus faible (extrémité inférieure de la première classe) sachant que la moyenne des salaires de l'entreprise est :

$$\bar{x} = 9\ 887{,}50 \text{ F.}$$

2° Dans la suite du problème, on prendra pour salaire minimal 4 000 F. Construisez l'histogramme de la distribution. Que peut-on dire de la manière dont les salaires sont répartis dans l'entreprise ?

3° Déterminez le pourcentage des employés dont le salaire mensuel est compris entre 6 000 F et 10 000 F. Comparez ce pourcentage à celui de la masse des salaires détenue par les mêmes salariés. Que peut-on en déduire ?

4° Déterminer la médiane et l'écart type de cette distribution.

5° Dans une autre entreprise, le salaire moyen est de 11 000 F, les salaires varient de 6 000 à 50 000F et l'écart type des salaires est de 5 500 F ; quelle est, à votre avis, la différence majeure entre les répartitions dans les deux entreprises ?

6° On pose $x' = x - 9\ 887{,}5$ où x est le salaire d'un employé de l'entreprise Rem. Que valent $\bar{x'}$, moyenne arithmétique des observations x' et $\sigma_{x'}$, écart-type des mêmes observations ? (La réponse sera fournie sans calcul.)

7° Le conseil d'administration de l'entreprise Rem décide d'allouer à chaque salarié une prime de 1 000 F et d'augmenter tous les salaires de 2 %. Déterminer sans refaire tous les calculs le nouveau salaire moyen dans l'entreprise et le nouvel écart type.

1° Pour trouver l'extrémité inférieure de la première classe, il faut effectuer des calculs nécessaires à l'obtention de la moyenne (effectifs multipliés par centres de classes). Soit x le centre de classe de la première classe :

$$9\ 887{,}5 = \frac{310x + 630.6500 + 1050.7500 + 1220.9000 + 630.5000 + 160.35000}{4\ 000}$$

On en déduit :

$310x = 9887{,}5 \times 4000 - 38\ 000\ 000 = 1\ 550\ 000$

$$x = 5\ 000\text{F}$$

La première classe a pour centre 5 000 et donc est « de 4 000 à moins de 6 000 F ». **L'extrémité inférieure est 4 000 F.**

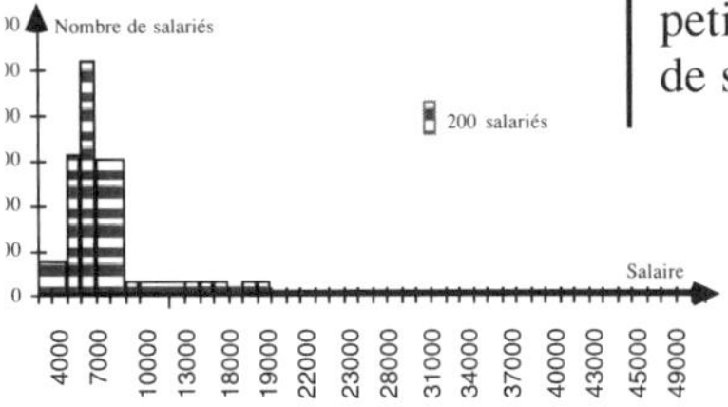

Figure 11

2° Pour tracer l'histogramme, il faut se ramener à une unité d'amplitude. Choisissons 1 000 F (la plus petite amplitude). Les effectifs par unité d'amplitude sont alors :

4 000 à moins de 6 000F	$\frac{310}{2} = 155$
6 000 à moins de 7 000F	630
7 000 à moins de 8 000F	1 050
8 000 à moins de 10 000F	$\frac{1\ 220}{2} = 610$
10 000 à moins de 20 000F	$\frac{630}{10} = 63$
20 000 à moins de 50 000F	$\frac{160}{30} = 5{,}33$

On trace l'histogramme, figure 11.
La plupart des salariés touchent entre 6 000 et 10000 F. Il y a peu de salaires inférieurs à 6 000 F. Par contre, 160 salariés (des cadres supérieurs ?), un petit nombre, ont des salaires très élevés.

3° Il y a : 630 + 1 050 + 1 220, soit 2 900 salariés, c'est-à-dire :

$$\frac{2\,900}{4\,000} \times 1\,000,$$

72,5 % des salariés touchent entre 6 000 F et 10 000 F. Le pourcentage confirme les conclusions du 2°.

▼ *Il serait long et peu utile de calculer pour chaque classe le produit effectif par centre de classe pour obtenir la masse salariale totale.*

La *masse salariale* est la masse des salaires (salaires x effectif) perçue par ces 2 900 salariés. Soit :
630 x 6 500 + 1 050 x 7 500 + 1 220 x 9 000 = 22 950 000F
La masse salariale totale est, d'après le 1° :

9 887,5 x 4 000 = 39 550 000

Le rapport des deux masses salariales, c'est-à-dire la part de la masse salariale perçue par les salariés qui nous intéressent est :

$$\frac{22950}{39550} = 0{,}5803.$$

Dans l'entreprise Rem, **72,5 % des salariés se répartissent 58 % de la masse salariale.** (Le pourcentage de masse salariale ne pourrait être le même que le pourcentage de salariés que si tous les salaires étaient égaux. Si l'on admet que cela est impossible, on peut considérer que les salaires sont assez bien répartis dans l'entreprise, de façon relativement égalitaire.)

▼ La méthode de calcul de la médiane a été amplement développée à propos des exercices précédents .

4° On trouve M = **8 016,39 F.**

Pour calculer l'écart type, on réalise le tableau I où les centres de classe sont en milliers de francs.

Tableau I : calculs

Tranches de salaires	Centre de classe (1)	Nombre de salariés (2)	Produit (1) (2) = (3)	Produit (1) (3)
Moins de 6 000 F	5,0	310	1 550	7 750,0
6 000 F à moins de 7 000 F	6,5	630	4 095	26 617,5
7 000 F à moins de 8 000 F	7,5	1 050	7 875	59 062,5
8 000 F à moins de 10 000 F	9,0	1 220	10 980	98 820,0
10 000 F à moins de 20 000 F	15	630	9 450	141 750,0
20 000 F à moins de 50 000 F	35	160	5 600	196 000,0
Total		4 000	39 550	530 000,0

On a donc la variance (plus exactement son millionième) : $\frac{530\,000}{4\,000} - \left(\frac{39\,550}{4\,000}\right)^2 = 34{,}7373$

et le millième de l'écart type :

$$\sqrt{34{,}7373} = 5{,}8938$$

L'écart-type est donc de 5 894 F.

5° La dispersion des salaires n'est pas loin d'être la même dans les deux entreprises; elle est seulement un peu plus faible dans la seconde. **La différence majeure est que les salariés sont mieux rémunérés dans la deuxième entreprise**; ils touchent en moyenne près de 1 200 F de plus que ceux de l'entreprise Rem.

6° $\bar{x}' = 0$! La moyenne est la valeur qu'auraient tous les salaires s'ils étaient égaux : si ceux qui gagnent plus donnaient à ceux qui gagnent moins jusqu'à ce qu'il y ait égalité, tous gagneraient 9 887,5 F. On comprend alors que si on les diminuait tous de 9 887,5 F, la moyenne des salaires serait nulle.
Par contre, l'écart type n'a pas changé, car il s'agit d'un simple déplacement de l'histogramme; la dispersion reste la même :

$$\sigma_{x'} = \mathbf{5\,894\ F}$$

7° Le salaire moyen subira les mêmes transformations que les salaires individuels. Il deviendra :

$$9\,887{,}5 + 9\,887{,}5 \times \frac{2}{100} + 1\,000$$

$$9\,887{,}5 \times 1{,}02 + 1000 = \mathbf{11\,085{,}25\ F.}$$

L'écart type sera augmenté de 2 % :

$$\sigma_x = 5\ 894 \times (1{,}02) = \mathbf{6\ 012\ F}$$

Remarque : Alors, les salariés de l'entreprise Rem se trouveront à un niveau de salaires analogue à celui des salariés de l'entreprise du 5°, avec une dispersion moindre, c'est-à-dire que les salaires seront plus proches du salaire moyen.

⑧°⑦ On se propose d'étudier des couples mariés où l'homme et la femme sont des actifs ayant un emploi salarié.

A. La répartition des 6,5 millions d'hommes salariés selon le salaire mensuel est la suivante :

Salaire mensuel	Nombre de salariés (en milliers)
De 6 500 à moins de 9 000	30
De 9 000 à moins de 10 000	450
De 10 000 à moins de 10 500	750
De 10 500 à moins de 11 000	1 300
De 11 000 à moins de 11 500	1 400
De 11 500 à moins de 12 000	1 330
De 12 000 à moins de 14 000	1 230
14 000 et plus	10

1° Sachant que le salaire moyen mensuel est de 11 430 F, déterminer le salaire moyen de la classe de plus de 14 000 F.

2° On prend pour salaire maximum 15 000 F; construisez l'histogramme de la distribution du salaire des hommes et calculer l'écart type.

Salaire mensuel	Nombre de salariés (en milliers)
De 5 500 à moins de 8 000	30
De 8 000 à moins de 9 000	450
De 9 000 à moins de 9 500	750
De 9 500 à moins de 10 000	1 300
De 10 000 à moins de 10 500	1 400
De 10 500 à moins de 11 000	1 330
De 11 000 à moins de 13 000	1 230
De 13 000 à moins de 14 000	10

B. On donne maintenant la répartition des 6 500 000 salaires féminins :

3° En comparant à la répartition précédente, sans effectuer de calculs, donner le salaire moyen des femmes correspondant et l'écart type.

4° Comparez la distribution des salaires des hommes à celle des salaires des femmes. Ceux-ci sont-ils plus dispersés que les premiers ?

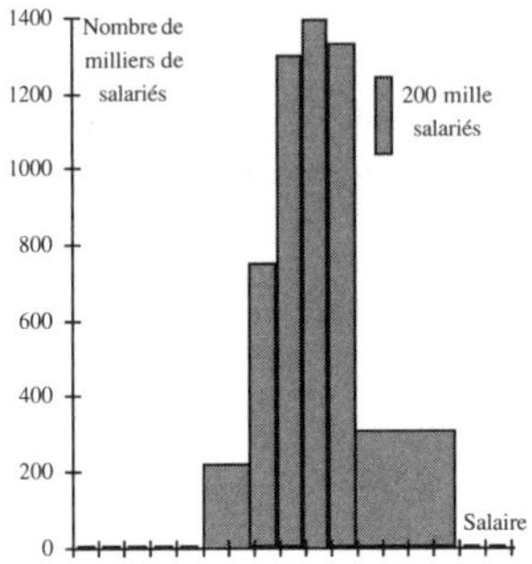

Figure 12

1° En utilisant la méthode employée au **8-6**,1°, on trouve le salaire moyen de la classe égal à environ **14 500 F** (ce qui donne le maximum de la dernière classe à 15 000 F, chiffre conseillé au *2°)*.

2° Voir figure 12. On choisit, par exemple, une unité d'amplitude de 500 F Les classes qui n'ont pas l'amplitude 500 ont donc pour effectif par unité d'amplitude :

de 6 500 à moins de 9 000	$\frac{30}{5} = 6$
de 9 000 à moins de 10 000	$\frac{450}{2} = 225$
de 12 000 à moins de 14 000	$\frac{1230}{4} = 307{,}5$
de 14 000 à moins de 15 000	$\frac{10}{2} = 5$

On calcule l'écart type en réalisant le tableau habituel :

$$\sigma = \sqrt{1\,426\,788{,}31} = \mathbf{1\,194{,}48\ F.}$$

3° On constate que les femmes sont aussi nombreuses que les hommes et que la répartition de leurs salaires est la même, mais, elles touchent 1 000 F de moins. Leur salaire moyen est :

$$8\,338{,}3 - 1\,000 = \mathbf{7\,338{,}30\ F.}$$

et l'écart type de la répartition de leurs salaires est le même que celui concernant des hommes, soit **1 194,48 F.**

4° Les femmes gagnent systématiquement 500 F de moins que les hommes. La dispersion **est la même** pour les deux répartitions.

⑧°⑧ Voici quelques-unes des réponses recueillies au questionnaire de l'exercice **1-10**. 200 personnes ont été enquêtées :
b) Il y avait 150 locataires, 38 propriétaires et 12 habitants à titre gratuit,
*e)*25 personnes sont là depuis douze ans, 18 depuis dix ans, 12 depuis neuf ans, 42 depuis sept ans, 33 depuis six ans, 15 depuis cinq ans, 10 depuis quatre ans, 12 depuis trois ans, 7 depuis deux ans, 16 depuis un an, 20 depuis moins d'un an.
g) 128 personnes sont satisfaites, 72 ne le sont pas.
h) 50 personnes ont au moins un garage, 120 n'en ont pas ; 30 ne répondent pas.

1° Représentez ces réponses par des diagrammes convenables.
2° Parmi les personnes qui n'ont pas déménagé depuis au moins sept ans, il y a 16 propriétaires et 37 locataires; comparez les mobilités des propriétaires et des locataires, à l'aide de ces données.

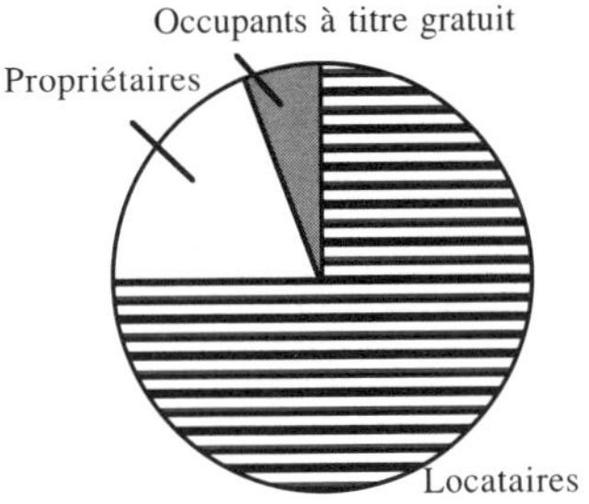

Figure 13 : répartition des personnes selon le mode de logement

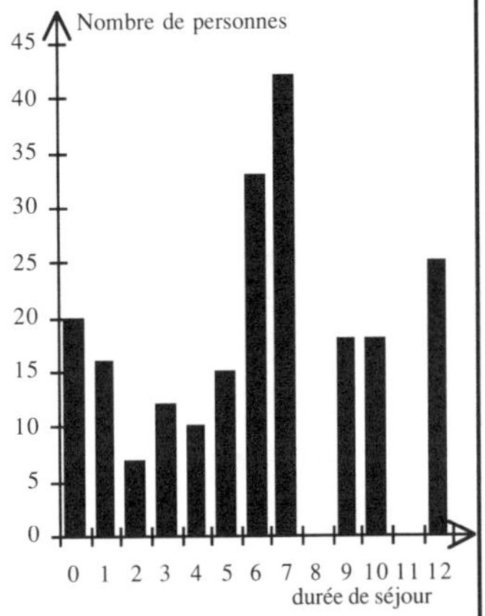

Figure 14 : répartition des personnes selon le temps passé dans leur logement

b) Il s'agit d'un caractère qualitatif. On peut utiliser un diagramme à bandes ou un diagramme à secteurs.

Pour un diagramme à secteurs, on mesure les angles; par exemple : $\frac{360 \times 150}{200} = 270°$
pour les locataires (figure 13).

N.B. Les tableurs grapheurs permettent de dessiner des diagrammes à secteur « en relief ». Il faut éviter ces dessins, si jolis qu'ils soient, car une vue en perspective fausse les angles.

e) On peut dessiner un diagramme à bâtons (variable assimilable à une variable discrète). On obtient la figure 14.

g) On peut utiliser un diagramme à bandes ou a secteurs. Nous choisirons ici un diagramme figuratif (figure 15). Une figure humaine représente un nombre fixe de personnes; une « portion » de figure humaine représente une partie de ce nombre fixe.

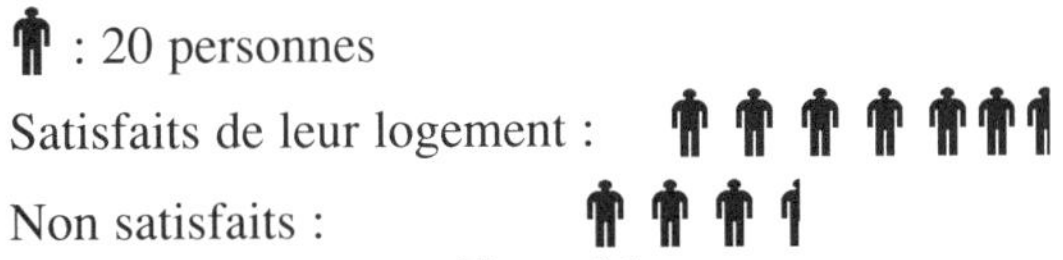

Figure 15

N. B. Il convient d'éviter des diagrammes figuratifs dans lesquels la taille des figures serait proportionnelle à l'effectif (cf. figure 16)

Figure 16
car on ne sait si c'est la hauteur, la surface ou le volume qui est proportionnel à l'effectif.

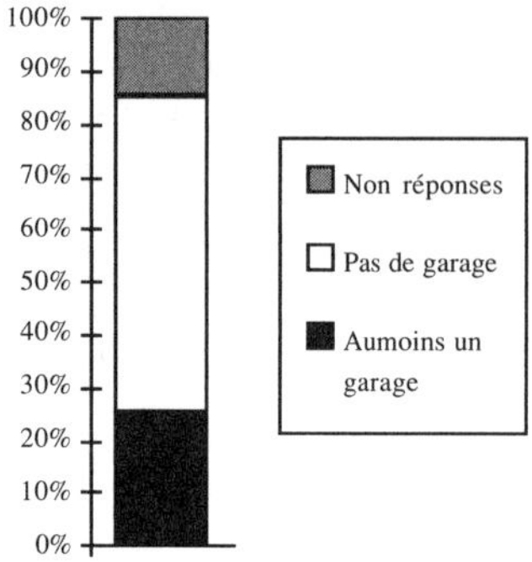

Figure 17 : Répartition des personnes selon qu'elles possèdent ou non un garage

h) On peut aussi utiliser un diagramme à bandes ou à secteurs, ou un diagramme figuratif. Nous choisissons ici un diagramme à bandes, dans lequel la longueur de la bande est proportionnelle à l'effectif (figure 17).

2° Les proportions de personnes qui n'ont pas déménagé depuis au moins sept ans sont :
Pour les propriétaires : $\frac{16}{38} \approx 0{,}42.$

Pour les locataires : $\frac{37}{150} \approx 0{,}25.$

Les propriétaires se sont révélés plus stables que les locataires, du moins si on se limite à cette information.

⑧°⑨ Nous voyageons tous les sept ensemble pendant une semaine : c'est super-sympa. Chacun de nous dépense 281 F par jour, sauf Émilie, qui dépense 119 F de plus que la moyenne générale des sept.
Ses 2 800F d'économies lui suffiront-ils alors pour tout le voyage ?
(Contrairement à la règle que nous nous sommes donnée dans ce livre, ce problème fait appel à une résolution simple d'équation du premier degré.)

Chaque jour la dépense globale est 7 fois la moyenne générale que nous désignerons par « *m* », donc 7*m*. Chaque personne dépense 281F par jour, sauf Émilie qui dépense *m* + 119. On peut écrire que :

$$7m = 6 \times 281 + m + 119$$
$$6m = 1\,805$$
$$m = \frac{1805}{6} = 300{,}83\text{F}.$$

Émilie dépense donc chaque jour :

300,83 + 119 = 419,83F.

En une semaine, il lui faut sept fois cette somme, soit 2 938,83F.

Ses 2 800 F d'économies ne lui suffiront pas.

(8)°(1)(0) Voici la répartition des femmes de Syldavie selon le nombre de leurs enfants :

Sans enfant ....13 %
1 enfant ....24 %
2 enfants ....40 %
3 enfants ....10 %
4 enfants .... 6 %
5 enfants .... 4 %
6 enfants .... 1 %
7 enfants .... 2 %

Si l'on demandait à un échantillon représentatif de 1 000 enfants syldaves combien de frères et sœurs ils ont[1], à quel nombre moyen arriverait-on ? Comparez au nombre moyen d'enfants par femme.

Un enfant unique a zéro frère ou sœur, un enfant d'une famille de deux enfants a un frère ou une sœur. Une mère de trois enfants a *trois* enfants ayant chacun deux frères ou sœurs ; ces trois enfants répondent chacun qu'ils ont deux frères ou sœurs : on compte donc 6 réponses dans l'enquête. On obtient la répartition suivante pour les *enfants* de 100 femmes représentatives de la population, le produit étant le nombre total des frères et sœurs déclarés :

Nombre de frères et sœurs	Nombre d'enfants	Produit
0	1 x 24 = 24	0
1	2 x 40 = 80	80
2	3 x 10 = 30	60
3	4 x 6 = 24	72
4	5 x 4 = 20	80
5	6 x 1 = 6	30
6	7 x 2 = 14	84
total	195	406

Donc 100 femmes représentatives ont au total 195 enfants qui ont, d'après ce calcul, 406 frères ou sœurs. En moyenne, ces enfants ont :

$$\frac{406}{195} \approx 2{,}08 \text{ frères ou sœurs.}$$

Les enfants syldaves considérés ont en moyenne 2,08 frères ou sœurs, alors que les femmes ont 1,95 enfant en moyenne.

NB. On voit que le nombre de frères ou sœurs est différent du nombre moyen d'enfants par femme.

1. On convient de considérer ici comme frère ou sœur tout enfant ayant la même mère.

On pourrait penser que les familles sont en moyenne de 3,08 enfants (2,08 et l'enfant qui les a pour frères ou sœurs), **alors qu'en fait elles sont en moyenne de 1,95 enfant**. Cela tient à ce que, dans la *population d'enfants*, les familles nombreuses ont davantage de poids : un enfant d'une famille de 7 enfants a 6 frères ou sœurs; les 7 enfants ont donc 42 frères ou sœurs; alors que, dans une famille de 2 enfants, chaque enfant a un seul frère ou sœur, ce qui fait au total seulement 2 frères ou sœurs. Le nombre moyen de frères ou sœurs est appelé *l'entourage* du nombre d'enfants par femme.

INDEX

Imprimé en France par l'Imprimerie du Corrézien
19460 Naves - Novembre 1998
N° d'impression : 1450
Dépôt légal : 4e trimestre 1998